《海洋石油工程设计指南》

第八册

海洋石油工程
安装设计

《海洋石油工程设计指南》编委会　编著

石油工业出版社

内 容 提 要

《海洋石油工程设计指南》主要内容包括了海洋石油工程所有各专业的设计和施工、HSE（职业卫生、安全与环保）评价报告的编写，以及海上油气田的陆上终端的介绍。

本册包括了第八篇海上石油工程安装设计。第八篇是按施工设计的深度编写的，主要介绍了海洋石油工程设施和设备在海上安装时应遵守的原则、规范、标准、依据和条件，以及导管架、上部组块、单点系泊、沉箱、海底管线、海底电缆等主要海上设施安装设计的基本内容。

本指南适合从事海洋石油工程设计的技术人员和管理人员使用。从事海洋石油工程研究、建设和海上油气田生产管理的人员可参考使用。

图书在版编目（CIP）数据

海洋石油工程安装设计/《海洋石油工程设计指南》编委会编著.
北京：石油工业出版社，2007.7
（海洋石油工程设计指南）
ISBN 978-7-5021-6081-4

Ⅰ. 海…
Ⅱ. 海…
Ⅲ. 海上油气田-石油工程-机械设备-设备安装
Ⅳ. TE9

中国版本图书馆 CIP 数据核字（2007）第 069278 号

海洋石油工程安装设计
《海洋石油工程设计指南》编委会 编著

出版发行：石油工业出版社
（北京安定门外安华里 2 区 1 号 100011）
网 址：www.petropub.com.cn
编辑部：（010）64523535 发行部：（010）64523620
经 销：全国新华书店
印 刷：石油工业出版社印刷厂

2007 年 7 月第 1 版 2009 年 8 月第 2 次印刷
889×1194 毫米 开本：1/16 印张：11
字数：327 千字 印数：601—2100 册

定价：60.00 元
（如出现印装质量问题，我社发行部负责调换）

《海洋石油工程设计指南》

第八册《海洋石油工程安装设计》编写人名单

第八篇　海洋石油工程安装设计	编写人	校对人	审核人
第一章　安装设计总则	樊之夏	周延东	房晓明
第二章　设计规范和标准	樊之夏	周延东	房晓明
第三章　设计依据和条件	樊之夏	周延东	房晓明
第四章　导管架安装设计			
第一节　安装方法	彭壮街	吴子全	郝军
第二节　船舶和机具	彭壮街	吴子全	郝军
第三节　计算分析	汪莉　吴子全	孙伟英	樊之夏
第四节　图纸	于文太	吴子全	袁汝华
第五节　装船程序	彭壮街	吴子全	郝军
第六节　运输程序	彭壮街	吴子全	郝军
第七节　安装程序	彭壮街	吴子全	郝军
第八节　完工报告	吴子全	于文太	朱绍华
第五章　组块安装设计			
第一节　安装方法	彭壮街	吴子全	郝军
第二节　船舶和机具	彭壮街	吴子全	郝军
第三节　计算分析	汪莉	孙伟英	樊之夏
第四节　图纸	于文太	吴子全	袁汝华
第五节　装船程序	彭壮街	吴子全	郝军
第六节　运输程序	彭壮街	吴子全	郝军
第七节　安装程序	彭壮街	吴子全	郝军
第八节　完工报告	吴子全	于文太	朱绍华
第六章　单点系泊安装设计	朱绍华	樊之夏	周延东
第七章　沉箱的安装设计	李怀亮 彭壮街	樊之夏	朱绍华
第八章　海底管线安装设计			
第一节　安装方法	王晓波	刘日柱	房晓明
第二节　船舶和机具	王晓波	刘日柱	房晓明
第三节　计算分析	何宁	陈永昕	袁汝华
第四节　图纸	何宁	陈永昕	袁汝华
第五节　装船程序	孙伟英	汪莉	樊之夏
第六节　安装程序	王晓波	刘日柱	房晓明
第七节　完工报告	何宁	陈永昕	袁汝华
第九章　海底电缆安装设计			
第一节　安装方法	王晓波	刘日柱	房晓明
第二节　船舶和机具	王晓波	刘日柱	房晓明
第三节　计算分析	何宁	陈永昕	袁汝华
第四节　安装程序	王晓波	刘日柱	房晓明
第五节　完工报告	何宁	陈永昕	袁汝华
附录二《施工设计、完工设计技术文件典型目录》	樊之夏	蔡振东	蔡振东

序　　言

随着海洋石油工业的发展，海洋石油工程设计的技术水平和管理水平在不断进步和提高，海洋石油工程设计队伍也在不断成长壮大。广大工程设计人员在努力借鉴国际先进技术的基础上，发扬勤于探索、勇于实践的精神，从生产实际出发、从中国海洋石油工业的特点出发，完成了大量的工程设计和工程研究任务，创造出了一批国际先进和国内领先工程设计，为海洋石油工业做出了十分重要的贡献。

为适应海洋石油工业的高速发展和不断提高海洋石油工程设计水平的需要，中国海洋石油总公司组织了200余位具有丰富实践经验和理论基础的工程设计技术人员，用了近5年的时间，在总结既往20多年海洋石油工程设计经验的基础上，吸收国际先进设计技术，编写了这套《海洋石油工程设计指南》。该指南聚焦于海洋石油这一专长领域各类工程的设计，内容丰富，具有强烈的中国海洋石油特色，是一部权威的关于海洋石油工程设计的指导性专著，是中国海洋石油总公司“三基”工作的重大成果，填补了国内工程技术界在该领域里的空白。这部指南的出版凝聚了一大批海洋石油工程设计专家和骨干技术人员的心血，也是海洋石油工程界集体智慧的结晶，是值得庆贺的一件大事。相信该指南对于促进海洋石油工程设计水平和设计质量的进一步提高将会起到重要且不可替代的作用。

希望广大工程设计人员，在工作中结合实际，遵循指南，开展工作。同时，还要结合新的技术发展和技术实践对指南不断丰实和完善。

中国海油正在以前所未有的高速度和高质量向国际一流的能源公司的目标大踏步迈进。希望我们的工程设计队伍在技术创新和技术发展上发挥更大作用，把海洋石油工程设计提高到一个更高的水平上。

2006年10月8日

前　　言

编写《海洋石油工程设计指南》的目的是为了总结海洋石油工程设计20多年来的经验,吸收国际海洋石油工程科学技术的发展成果,从而指导海洋石油工程设计水平的全面提高。同时也是中海石油研究中心和海洋石油工程股份有限公司自身发展所需要的一项十分重要的基础工作。《海洋石油工程设计指南》的编写与出版是我国海洋石油工程设计发展史上的一个重要里程碑,对海洋石油工程设计水平向国际一流迈进有着重大的意义。从此,我们的海洋石油工程设计更加有章可循;我们的海洋工程建设技术理论基础更加可靠。对于保证和提高海洋工程建设质量和水平有着深远的影响。

中国海洋石油总公司各级领导高度重视《海洋石油工程设计指南》的编写工作。将该指南的编写列入了“三基”工作计划,在人力和财力上给予了大力的支持。中国海洋石油总公司成立了专门的指南编写委员会和编写组,全面负责指导和组织该指南的编写工作。

该指南由编写委员会负责筹划和指导,由编写组负责组织中海石油研究中心和海洋石油工程股份有限公司进行具体的编写工作。中海石油研究中心和海洋石油工程股份有限公司动用了200余名专业技术人员参加编写和校审工作,共组织了5次编委会和26次专家审查会。最终出版的指南共由13册18篇132章组成,约500万字。中国海洋石油总公司相关职能部门以及中海石油研究中心和海洋石油工程股份有限公司对此项工作的高度重视及体现出的卓越的执行能力与科学态度,是该指南成功出版的关键因素。

该指南的内容囊括了海洋石油地面工程设计的方方面面。其中,海洋石油工程设计概论描述了我国海洋石油工程和海洋石油工程设计发展的历史与基本状况;海上油气田工艺设计,海上油气田机械设备设计,海上油气田电气、仪控、通信设计,海上平台结构设计以及海底管道设计是按详细设计深度要求而编写的,着重强调设计基础、设计内容、设计步骤和设计深度等基本要点以及设计过程中的技术关键;加工设计、安装设计和海上油气田调试是按施工设计的深度编写的,是在以上基础上介绍在更深一步的设计步骤中要继续进行的设计工作的基本内容与主要要求;环境保护、安全评价和职业卫生是按基本设计的深度编写的,它满足第三方评价的要求,是海洋石油工程设计所特有的重要组成部分;浮式生产储油装置(FPSO)选型设计、单点系泊系统选型设计及陆上终端设计是按概念设计深度编写的,部分达到基本设计深度,旨在指导设计人员能掌握重要的概念并编制出有相当深度的基本设计委托书;LNG接收终端、深水油气田开发技术、海上边际油气田开发技术是按可行性研究的深度编写的,则是简要介绍了总体设计和单元设计的主要技术特点与技术要求的框架。总之,该指南的内容来源于海洋石油工程设计的第一线,有很强的针对性和实用性,对不同领域和各个阶段的海洋工程设计工作都有十分重要的指导意义。

《海洋石油工程设计指南》的出版是全体编审人员共同努力的结果，是来自于海洋石油工程设计战线上的专家、技术骨干辛勤劳动的结晶，其中一些人已经退休，但他们把经验和心血留给了我们，使我们得以在今后的工作中会做得更好。

目前，海洋石油工程正站在一个高速发展和开创新局面的崭新起点上，指南的出版恰逢其时，影响深远。希望我们的工程设计人员今后能继续发扬优良传统，保持旺盛的进取心、创造力和严谨的作风与科学态度，把海洋石油工程设计水平提到一个新的高度；另一方面也要在实践中不断修正、完善与充实指南。应该说，指南在工作中的使用和对其讨论与丰富才是其价值的最好体现与发挥。希望《海洋石油工程设计指南》常用常新，持续提高！

2006 年 10 月 19 日

总 目 录

第一册 海洋石油工程设计概论与工艺设计

第二册 海洋石油工程机械与设备设计

第三册　海洋石油工程电气、仪控、通信设计

第四册　海洋石油工程平台结构设计

第五册　海洋石油工程海底管道设计

第六篇　海底管道设计

第一章　海底管道工艺设计总则

第二章　海底输油管道工艺设计

第三章　海底输气管道工艺设计

第四章　海底多相流混输管道设计

第五章　海底输水管道工艺设计

第六章　海底管道工艺计算软件

第七章　海底管道结构设计总则

第八章　海底管道结构设计

第九章　海底管道防腐设计总则

第十章　海底管道防腐设计

附录一　《概念设计、基本设计、详细设计技术文件典型目录》之表 10 海底管线、表 12 防腐

第六册　海洋石油工程结构、焊接、防腐加工设计

第七篇　海洋石油工程加工设计

第一章　加工设计总则

第二章　结构加工设计

第三章　焊接加工设计

第四章　防腐加工设计

附录二　《施工设计、完工设计技术文件典型目录》之相关部分

第七册　海洋石油工程配管、机械、电仪信加工设计及调试

第七篇　海洋石油工程加工设计

第一章　加工设计总则

第五章　配管加工设计

第六章　机械设备加工设计

第七章　电气、仪表及通信加工设计

第九篇　海洋石油工程调试

第一章　调试总则

第二章　调试准备工作

第三章　调试技术文件的编写

第四章　调试工作基本要求

第五章　调试安全管理

第六章　调试的管理

附录二　《施工设计、完工设计技术文件典型目录》之相关部分

第八册　海洋石油工程安装设计

第九册　海洋石油工程 FPSO 与单点系泊系统设计

第十册　海洋石油工程陆上终端与 LNG 接收终端

第十二册　海洋石油工程深水油气田开发技术

第十三册　海洋石油工程边际油气田开发技术

目　　录

第八篇　海上石油工程安装设计

第八篇　海上石油工程安装设计

第一章 安装设计总则

在海上结构物安装设计中应合理选用国际、国内标准，做到技术先进、经济可靠、安全适用、确保质量。

一、定义

海上石油工程安装设计是海上油气田开发工程设计的一个重要部分，在海上油气田开发工程设计阶段中，是继概念设计、基本设计、详细设计、加工设计之后的海上安装工程所进行的施工设计。安装设计的目的是将建造好的各种形式的结构物，运用设计合理、技术可行、设备可用、安全经济的方法，把结构物安装到海上，交付给用户作为海上油气田开发的基础。

二、适用范围

本书适用于导管架、平台组块、沉箱、单点系泊系统、海底管道和海底电缆等的海上安装，安装工作是将上述结构物从制造场地运输到指定海域，并进行现场安装固定、连接调试等一系列活动的施工设计工作，须根据施工船舶及设备设施的能力、海况条件，按照规范、规格书以及业主的要求进行施工各阶段结构受力分析、施工程序编制。

三、一般要求

海上结构物安装工程受海况影响较大，因此施工风险大、作业成本高，要求安装设计所用设计数据准确、标准应用适当，环境资料齐全、船舶设备和专用机具的选用合理、应用计划周密、施工程序编制环环相扣严密而紧凑、设计计算、各种工况考虑周全、大型安装方案评审必不可少，以此来保证安装设计的质量，有效地降低工程成本，提高施工效率，确保作业安全。

四、工程装备

海上安装所用的各类船舶和专用机具主要包括：起重铺管船、起重船、工程驳船、半潜驳船、下水驳船、拖轮、打桩锤、水下挖沟机、线性绞车、潜水设备等。根据工程项目类别的不同、施工海域环境条件的优劣及整个工程的造价合理，选用合适的施工船舶和机具设备，以达到效率最高、工期最短、成本最低、安全优质为最终目标。

五、设计软件

安装设计所使用的专用技术软件如下。

1. 平台、单点系泊结构方面

(1)导管架结构计算分析程序；

(2)结构运动分析程序；

(3)打桩分析程序；

(4)结构有限元分析程序。

2. 海底管道、电缆方面

(1)海底管道铺设应力分析程序；

(2)海底管道起吊、立管安装分析程序；

(3)管道对接计算程序；

(4)海底电缆计算程序。

第二章　设计规范和标准

海上结构物安装设计参照的规范和标准如下：

《海上固定平台规划、设计和建造的推荐作法—工作应力设计法》中华人民共和国石油天然气行业标准（SY 10030—2000）

《单点系泊装置建造与入级规范》中华人民共和国石油天然气行业标准（SY 10032—2000）

《渤海海域钢质固定平台结构设计规定》中国海洋石油总公司企业标准（Q/HS 3003—2002）

《环境条件和环境荷载指南》中国海洋石油总公司企业标准（Q/HS 3007—2002）

《海洋石油钢丝绳检验和检查要求》中国海洋石油总公司企业标准（Q/HS 4004—2002）

《船体用结构钢》中华人民共和国国家标准（GB 712—2000）

《钢结构设计规范》中华人民共和国国家标准（GB 50017—2002）

《钢质海船入级与建造规范》中国船级社（1996）

《船舶与海上设施法定检验规则》中国船检局（1999）

《海上移动平台入级与建造规范》中国船级社（1992）

《海上固定平台安全规则》中华人民共和国国家经济贸易委员会 2000 年版

《美国房屋钢结构设计、制造和安装规范》美国钢结构协会（AISC）

《Rules for Building and Classing Mobile Offshore Drilling Units》美国船级社（ABS）

《Rules for Building and Classing Offshore Installations》美国船级社（ABS）

《Requirements for Mobile Offshore Drilling Units》U. S. Coast Guard

《RULES FOR PLANNING AND EXECUTION OF MARINE OPERATIONS》挪威船级社（DNV）

《Structural Welding Code - Steel》美国国家标准学会/美国焊接学会 ANSI/AWS D1. 1 - 88

《Analysis of spread mooring systems for floating drilling units》API RP 2P

《Draft recommended practice for design analysis and maintenance of mooring for floating production systems》API RP 2FP1

《海底管道系统规范》中华人民共和国石油天然气行业标准（SY/T 10037—2002）

《管道钢管规范》QJ/HS 7008—1994 API Spec 5L—1992

《海底管道在海底的稳定性设计》挪威船级社（DNV RPE305 1988 年）

《铺设海底电缆管道管理规定》中华人民共和国国务院，1989 年 3 月

《SUBMARINE　SYSTEMS》DNV OFFSHORE STANDARD OS—F101—2000

《Welding of Pipelines and Related Facilities》API STANDARD 1104 Rev. 19 1999

第三章　设计依据和条件

第一节　设计依据

安装设计作为工程项目的一个设计阶段，它是该项工程的结构物能否按规范和规格书要求安装到指定海域的关键步骤。详细的设计作为该项工程结构细部终结设计，应满足海上安装各个阶段施工条件的特殊要求，安装设计则是根据现有的船舶设施的能力、安装设计水平和施工组织能力进行的。因此对详细设计中有关安装过程、方法以及规模的设定进行审查和修改。设计审查中需要澄清的主要内容包括如下。

(1)导管架、平台组块、单点系泊系统：结构吊装重量、结构主尺度、施工海域水深、施工季节的风浪流环境荷载参数、地质资料、海底地形地貌情况，施工现场已有的各种平台及设施的位置、海底管道、海底电缆的走向图及安装方法(装船、运输和就位)的选择等。

(2)海底管道、海底电缆：海底管道的类型(单层管、双层管、管束)，海底管道的直径、壁厚、涂层厚度，施工海域水深、施工季节的风浪流环境荷载参数、地质资料、海底地形地貌情况，施工现场已有的各种平台及设施的位置、已有海底管道、海底电缆的走向图，对海底管道、海底电缆埋深的要求、安装方法(铺管船法、浮拖法、底拖法)的选择等。

(3)安装方案的审查和修改：详细设计阶段要初步确定其安装时可能采用的方法，并对该方法进行必要的分析计算，以期达到满足海上安装的基本条件为目的。安装设计阶段，应根据详细设计提出的初步安装方案进行分析、判断、计算、校核完成该方案的可行性，工程成本，工程风险等因素。然后对该方案进行修改、补充、完善、优化或更新改造，使其达到适用、经济、可靠和安全。

第二节　施工作业条件

海上安装工作包括码头装船、拖航运输和海上安装三个阶段，由于作业地点的不同其施工作业条件也有很大差异。

一、码头装船

码头装船包括导管架、平台组块吊装装船或滑移装船，钢桩、隔水套管、海底管道的装船及固定工作。码头装船是在港口有隐蔽的港湾作业，受外部环境条件的影响较小，船舶靠码头时需考虑两方面因素：

(1)港池水深应满足装船期间船舶吃水的要求；

(2)码头标高与水面的高差应满足滑移装船期间驳船调载的范围及吊装装船期间起重船最大吊高的要求。

二、拖航运输

拖航运输是指将结构物从码头由拖轮拖带航运到各指定安装海域的过程，要考虑如下因素：

(1)沿途的气象、海况环境条件;

(2)驳船与结构物系统的稳定性;

(3)驳船与结构物的强度要求;

(4)绑扎固定强度要求。

三、海上安装

海上安装工作是在开阔海域进行的施工作业,受环境条件的影响因素所制约,安装设计时须根据工程项目的重要性、安装工作的性质及施工船舶的抗风浪能力,制定出该项安装工作的限定环境条件,以此来界定海上安装活动中各阶段、各种作业、现场待机、现场撤离的最大允许环境条件,包括:风、浪、流等。

第三节 安装设计流程

一、安装设计流程

安装设计流程见图8-3-1。

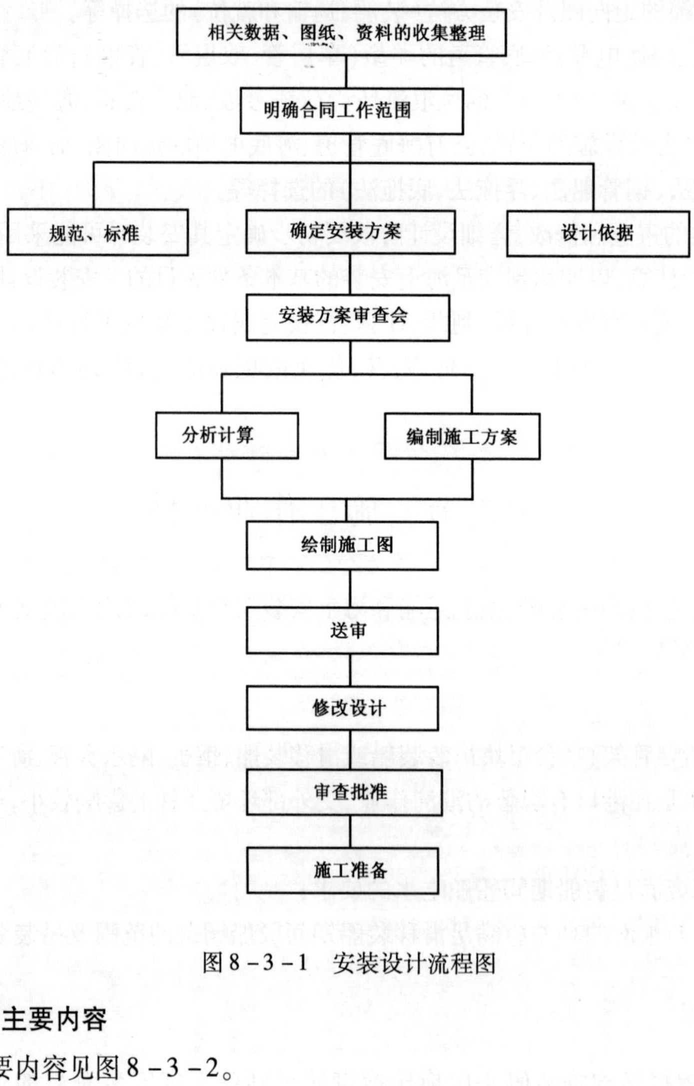

图8-3-1 安装设计流程图

二、安装设计主要内容

安装设计主要内容见图8-3-2。

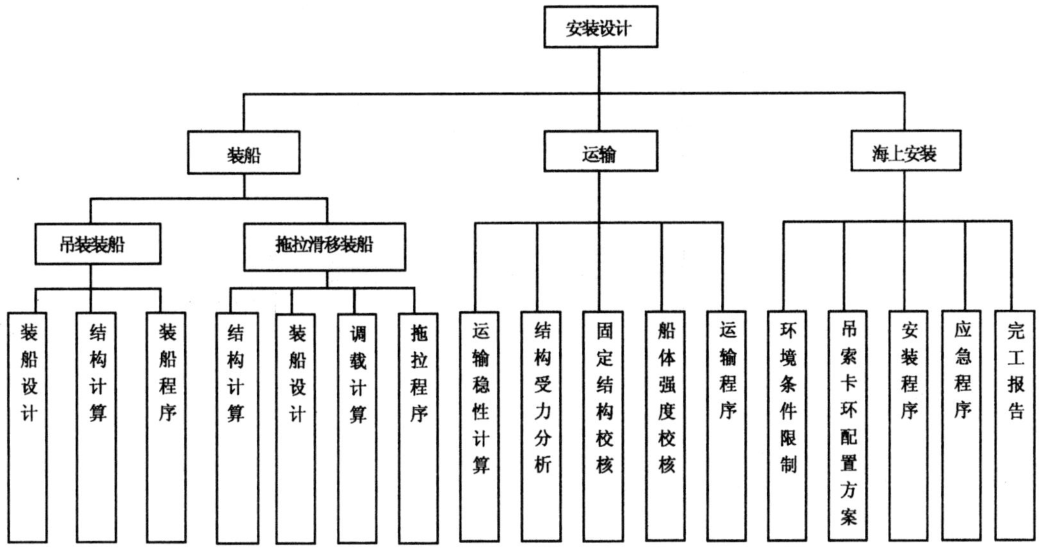

图 8－3－2　安装设计主要内容

第四章　导管架安装设计

第一节　安装方法

一、装船方法

常用的导管架装船方法有两种。一种方法是起重船吊装装船，另一种方法是拖拉滑移装船。

一般情况下在导管架建造前就要根据导管架尺度、重量、重心位置，陆地建造场地条件和可用起重船的技术性能，装导管架的驳船的性能，决定导管架的装船方法。

1. 吊装装船

吊装装船是指导管架在陆地制造场地建造完成后，用起重船从场地吊起导管架，然后放在运输驳船的垫墩上的过程。

2. 拖拉滑移装船

拖拉滑移装船是指导管架在建造时，导管架是放在滑道上面的滑靴上，装导管架的运输驳船上放有与场地上滑道相对应的滑道，并且有足够的调载能力，满足导管架上船时陆地滑道与船上滑道随时保持一样的高度，用绞车拉动滑靴上的拖点，滑靴在滑道上滑移，慢慢将导管架拖拉到驳船上设计的定点位置的过程。导管架建造时在场地上需摆放滑道，在滑道上放滑靴，导管架支撑点要落在滑靴上。同时要落实码头潮汐情况及拟选拖拉滑移装船的驳船尺度、该船的压载泵的排量、拖拉牵引装置的能力及码头区水深资料等，以满足滑移装船的要求。

导管架滑移装船其适用的范围较广，尤其是大型导管架结构已普遍采用，其主要考虑牵引装置能力和驳船调载能力、甲板承载能力等。

二、海上安装方法

1. 立式吊装下水安装方法

该方法选择主要依据是导管架的重量、尺寸加上吊装索具的总高度，考虑装在驳船上的垫墩的高度，这些综合因素，适合现有起重船技术性能的情况下。如一艘起重船不满足而二艘起重船合起来使用能满足导管架吊装下水，同样可以选用立式吊装下水的安装方法。

2. 卧式吊装下水、漂浮、扶正安装方法

该方法，主要是导管架的重量在现有起重船吊重能力范围之内，能确保起重船将导管架从装载驳船上吊起并放到水里。

3. 滑移下水安装方法

该方法，是下水驳船上装有滑道和摇臂，导管架座在滑靴上，滑靴座在滑道上，靠下水驳船自身压载达到一定的尾倾（一般6°~7°），导管架靠机械拖拉和自身的下滑力，从驳船上滑入水中。靠浮力和充水，导管架自身就站立起来，或由起重船将躺在水面上的导管架扶起直立，通过起重船将它吊到设计位置，进行安装。

第二节　船舶和机具

一、海上作业船舶

根据导管架的重量、尺度，桩的直径，最长桩的长度和重量，导管架安装地点的环境条件和起重作业船的主要技术性能，适应作业的海域，选择起重作业船。该起重船甲板要有足够的面积，以便放打桩锤、灌浆机、发电机、空压机、电焊机、潜水设备和施工材料,并具备能住导管架安装的施工人员和有相应的生活设施。

装导管架的运输驳船的选择与导管架的装船方式有关:

(1)吊装装船时装导管架的驳船的选择一般要考虑驳船适航的海区,驳船甲板面积、载重量、排水量、吃水等要满足装导管架的要求,甲板强度要能适合装导管架。

(2)拖拉滑移装船时运输驳船选择要考虑驳船的适航海区、驳船甲板面积、强度、驳船的型深、吃水、以及压、排载泵的排量,一定要满足导管架拖拉过程、压载或排载的调节要求,同时还要考虑滑移装船码头区域潮差与驳船压、排载的匹配。

(3)下水驳船:所谓下水驳船即导管架下水驳船,它能像普通驳船一样装运导管架、平台组块和钢桩等大宗货物;下水驳船上有滑道和摇臂,可以将导管架躺着装船运输到指定区域,靠驳船自身压载达到一定的尾倾(6°~7°)后,导管架靠机械推拉和自身的下滑力,从驳船上滑入水中。在选择装导管架下水的下水驳船时,主要考虑导管架的长度、重量和稳性要与下水驳船匹配。

(4)调查船:能满足导管架安装地点、水深、地貌调查任务,有一定精度的调查设备(水深测量仪、旁侧声纳或地层剖面仪)。

(5)拖轮:为主要作业船(起重船)拖航,抛、起锚并有一定的供油、水能力的三用工作船。它在正常拖航条件下,拖轮功率应足够大,应满足拖带起重船航速6~8节的要求,系桩拉力要满足拖航力的要求,并能为主作业船进行起抛锚作业。

为运输导管架驳船配套的拖轮。它的拖力能使驳船的拖航速度达到6~8节,并在规范要求风流速下能保证前进速度为正,并有艏推进器,便于它傍拖驳船靠主作业船。

(6)供应及交通船:该船的马力不必很大,能满足运送油、水、材料和接送少量人员即可。

二、主要作业机具

导管架安装专用机具的选择主要依据导管架尺度,安装地点的水深、土质条件,导管架桩的根数、桩径和入泥深度,隔水套管根数、直径和入泥深度,导管架是否灌浆及调平的难易程度来决定。

(1)打桩锤:根据导管架技术规格书和图纸,结合桩的直径、入泥深度、隔水套管的资料,土质资料,结合现有的打桩锤进行桩的可打入性分析,来决定选用那个型号的打桩锤。

(2)吊桩器:吊桩器选择的依据是桩的直径、桩的重量,并满足一定的安全系数,浅水导管架如果不是水下桩,可采用吊耳吊桩法。

(3)灌浆机:根据导管架桩腿的数量,计算灌浆用水、水泥的容重,根据导管架的水深,计算灌浆所需压力,决定选择灌浆泵的排量和压力,以满足灌浆工作的要求。

(4)牵引绞车系统:根据导管架重量和滑移摩擦系数,选用合适的线性绞车或滚筒绞车系统。对于滚筒绞车系统,在进行滑轮组安装时,需选择合适的滑轮柄数。

(5)调平器、ROV与潜设备等。

第三节　计算分析

一、吊装分析

导管架的吊装分析主要是对导管架结构及其附属结构在吊装过程中的强度进行计算分析,检验其是否满足规范要求。对于没有特殊要求的项目,规范一般采用API(RP 2A-WSD)。计算程序目前采用的是美国的Engineering Dynamics,Inc公司的SACS软件。运用SACS软件进行导管架的吊装分析主要分为下面几步。

1. 结构模拟

根据导管架的详细设计图纸，对导管架的每一部分结构进行计算机模拟。导管架的主结构主要是由钢管组成。这些钢管在计算机模型中都被视为杆单元，每一杆件之间被视为用刚节点连接。采用 SACS 软件建立导管架的模型。在吊装分析中，只需要对导管架的主结构进行模拟，主结构包括导管架的桩腿和每一层的结构。索具只模拟吊绳，并且模拟为杆件。其他的结构，如井口周围的具体结构、立管及立管夹子、灌浆管线、阳极、挡泥板、吊耳、电缆护管、靠船垫、走道等具体的附属结构，可以不作为计算模型的一部分进行模拟，而是作为加在导管架上的荷载进行模拟。主要的 SACS 建模步骤如下：

(1)打开 SACS 程序，点击 MODEL，建立一个新的模型文件(图 8－4－1)。

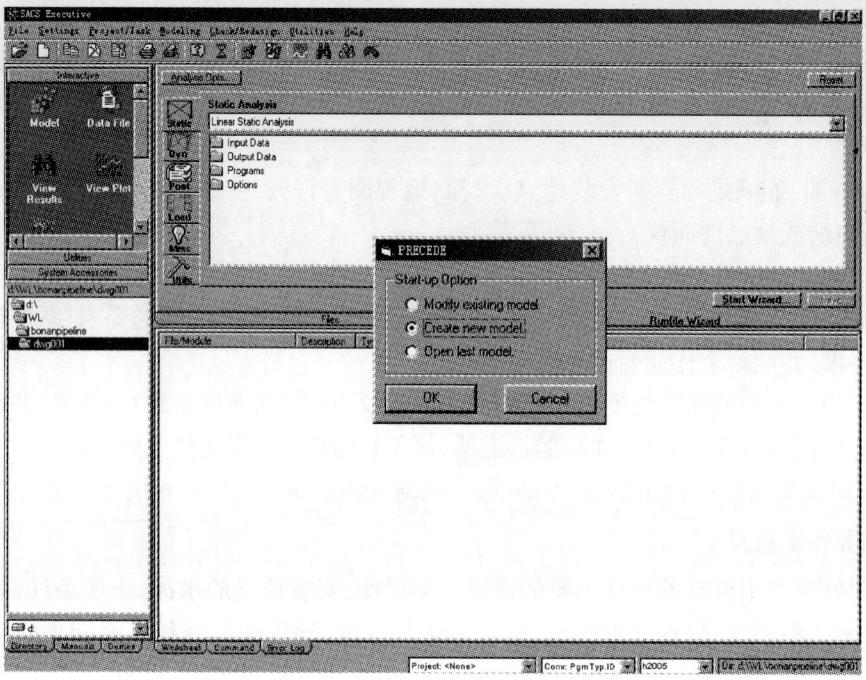

图 8－4－1　建立的新模型文件

(2)选定结构的坐标原点，根据选好的坐标原点，在模型文件中加入节点和杆件(图 8－4－2)。

(3)对所加的杆件特性进行定义。每一根杆件根据不同的特性输入不同 GROUP 号。在窗口 PROPERTY 下拉菜单中定义杆件的特性，包括杆件的外形尺寸和材料特性(图 8－4－3)。

2. 荷载模拟

对于导管架在吊装过程中，除了浮吊的大钩对导管架本身有外力外，导管架没有受到其他的外力的作用。因此，荷载的模拟就是将导管架的一系列附属结构及在结构模型中没有模拟的局部结构的重量作为荷载加到结构模型上。荷载模拟的方式根据结构的不同而不同，可以作为集中荷载和分布荷载等形式来进行模拟。在 SACS 程序中，荷载模拟分为以下步骤：

(1)在 LOAD 窗口的下拉菜单中，点击节点或杆件，就可以分别加节点荷载和杆件荷载。将所有需要以荷载形式加的结构或附件的重量分别计算出来，分别加到导管架的主结构上(图 8－4－4)。

(2)在 LOAD 窗口的下拉菜单中给导管架的已模拟结构加上自重(图 8－4－5)。

(3)在加荷载的过程中，每一种荷载都定义了工况和荷载名称。为了进行计算分析，需要对所有的工况进行组合。在 SACS 的模型文件中，荷载包括导管架的自重和附件的重量荷载，将这两种荷载组合起来，并且考虑到一些未模拟的重量如油漆和焊材等，将组合的荷载增加一定的不

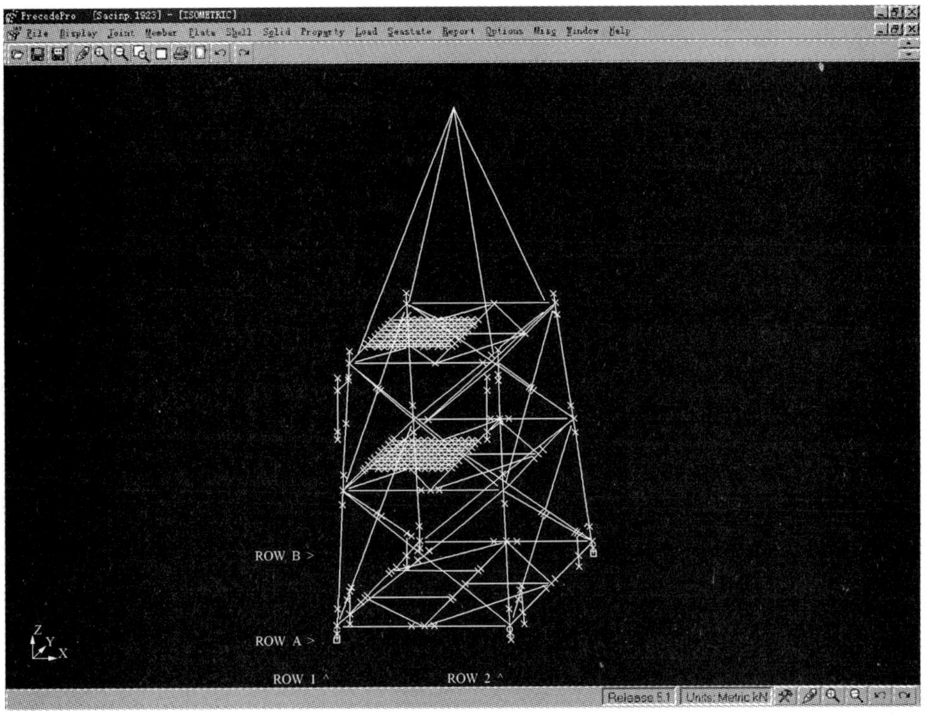

图 8－4－2　在模型文件中加入节点和杆件

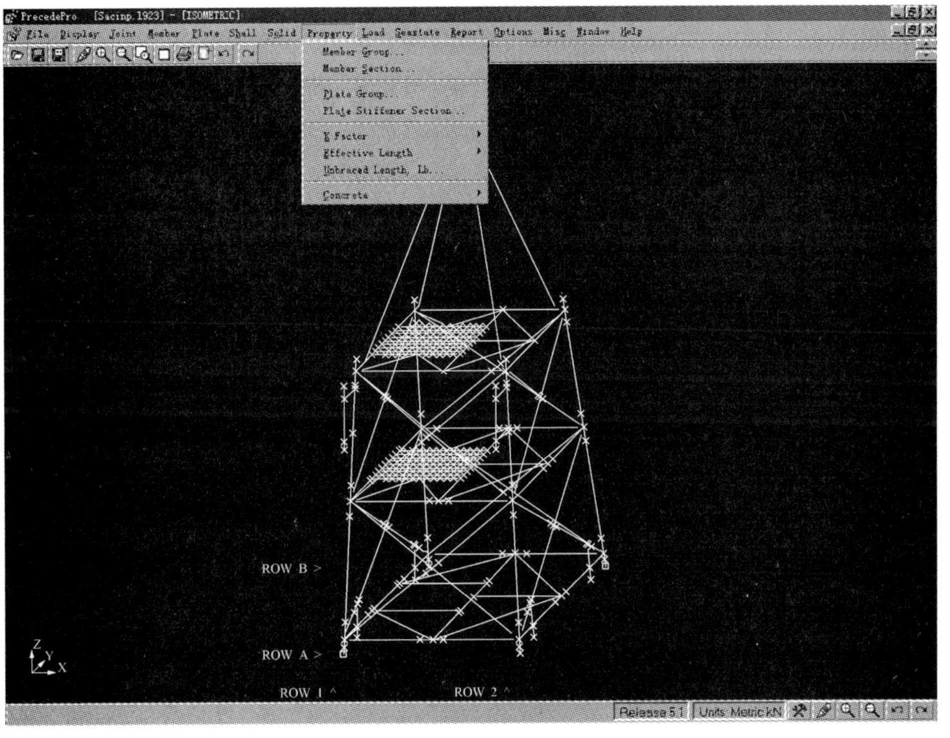

图 8－4－3　对杆件特性进行定义

确定系数。这个组合荷载就是吊装过程中的静荷载。

（4）在吊装过程中，由于船只的运动产生的冲击，因此在计算中应考虑动力荷载系数。与吊耳相连并将吊装力传递到结构内部的其他内部构件的构件，应使用静荷载的 2.0 倍动载系数，对于所有其他的结构构件，应使用静荷载的 1.35 倍动载系数。

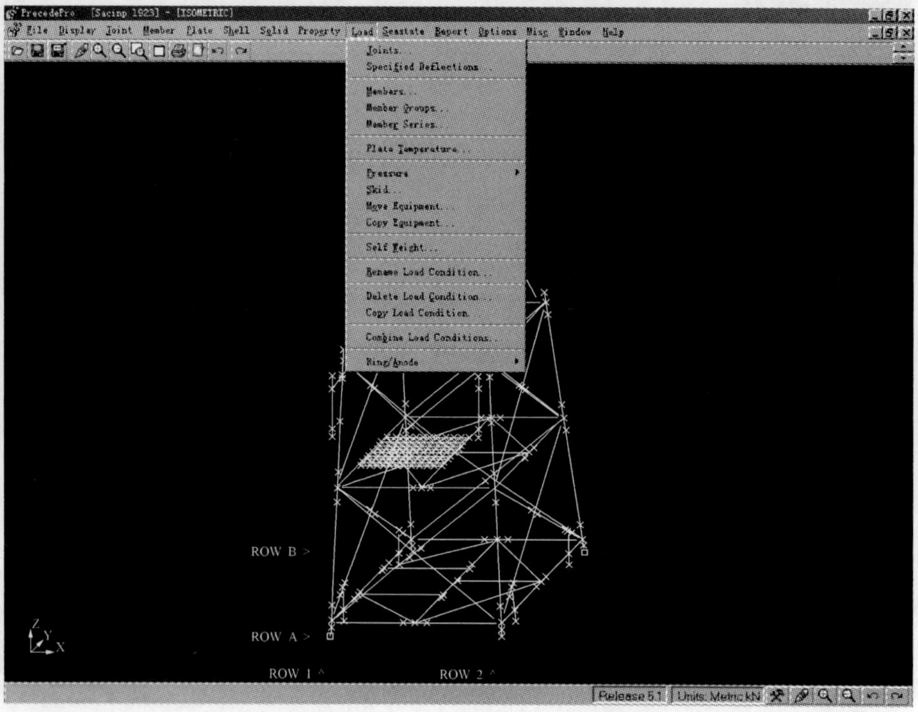

图 8-4-4　加节点载荷和杆件载荷

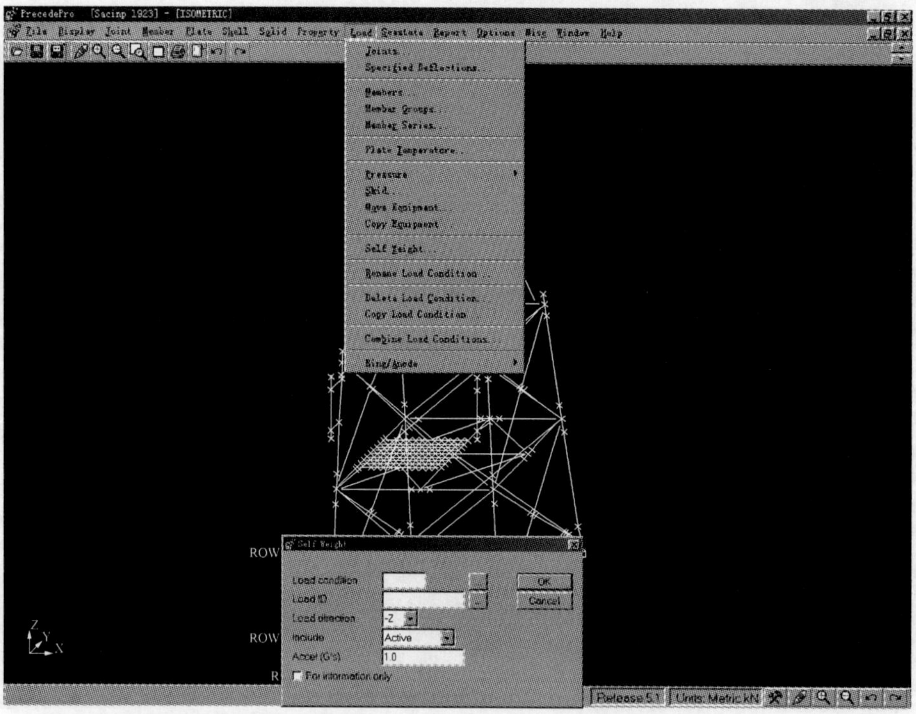

图 8-4-5　给导管架的模型结构加自重

3. 边界条件处理

对于结构的力学模型，为了与实际的工作状况相吻合，需要对力学模型的边界条件进行以下几个方面的处理。

(1)在结构的模拟中，吊扣被模拟成刚性的杆件，需要对这些杆件的边界条件进行处理。杆件与吊点连接一端的约束条件为 000111，与结构的吊耳连接的一端的约束条件为 000011(其中

0 为约束,1 为释放)。杆件两端的约束在 MEMBER 的下拉菜单中完成。

(2)吊点的约束条件为 111111(其中 1 为约束)。

(3)为防止导管架在起吊过程中位移太大,不符合实际情况,在导管架的桩腿最下端加两个弹簧,弹簧力沿水平面内两个方向加载。

(4)在 SACS 程序中,进行节点的约束和加弹簧,都在 JOINT 下拉菜单中完成。

4. 结构强度和稳定校核

对导管架的结构和荷载模拟完毕以后,运用 SACS 程序进行线性分析。从结果文件中,可以得到结构的所有杆件的位移和最大应力比。因此可以判断导管架在吊装过程中的结构强度与稳定性是否满足规范要求。

5. 冲剪应力校核

由于在杆件交汇处的节点存在冲剪力,所以需要对结构的节点处进行冲剪校核。在 SACS 程序中建立冲剪的输入数据文件,和结构模型文件一起进行线性分析,得到各节点的冲剪应力比,若应力比小于 1,则符合规范要求。

二、滑移装船调载计算与装船结构强度分析

对于一些超过浮吊的起吊能力的结构物或者有特殊要求的结构,在装船的时候可以采用拖拉滑移装船的方式。所谓拖拉装船是将导管架建造在码头的滑道上,并且导管架的腿下有用于滑移的滑靴,在驳船上安装有两台线性绞车/滚筒绞车,在牵引绞车的拖拉下,导管架沿着滑道滑移上船。

1. 调载计算

拖拉装船时,要求驳船滑道面与码头的滑道面在拖拉过程中保持平齐,而由于调载与潮汐不同步产生的最大高差应控制在 25mm 内。为了达到这一目的,需要通过对驳船进行调载以适应潮水的需要。对驳船进行调载时采用 MOSES 软件计算。

1)驳船船型数据建立

在建立驳船船型数据以前,首先要查找出驳船的基本数据,包括船型型线图、静水力曲线图、船体稳性计算、舱容图以及船体结构图。根据这些资料在 MOSES 程序中进行船型模拟。在船型数据文件中需要输入船体的空船重量、重心,根据所选的坐标原点输入船型数据。船型的数据文件命名为 *. dat。

2)驳船压载舱数据建立

对于驳船的各个可调载舱根据相应的坐标系进行描述。

3)驳船调载能力整体分析

在进行拖拉装船的计算时,需要保证驳船在一个潮汐周期内能通过调载保持与滑道齐平。因此需要通过 MOSES 计算从潮汐最低潮到最高潮这个范围内,驳船调载是否满足要求。需要调载的命令文件命名为 *. com。

4)压载舱调载顺序优选

为了在实际施工中使驳船调载操作较为快速和见效,一般将调载舱的中间部分舱的水量保持不变,而主要调船头和船尾的舱。当船头和船尾的舱不能满足调载要求时,再把中间部分的舱打开调节。

5)装船荷载模拟

在拖拉上船时,一般根据导管架的腿的位置进行拖拉步骤的设计。具体为在滑靴将上船时调载,使滑道与船上滑道齐平,开始往上拖,当滑靴上船四分之三时,停止拖拉,进行调载到滑靴完全上船时所需的水量,再继续拖。考虑随着导管架慢慢上船,驳船上的荷载也在变化,因此计算的数据文件中的荷载需要分步骤编写。除了船上的滑道、绞车和其他在拖拉前已经装船的货物的重量一直不变外，导管架每个腿的支反力作为集中荷载按步骤不同编写到 MOSES 的输入文件*. dat 中。荷载的输入包括荷载的大小及作用力的位置(按船体坐标系输入)。

6)驳船动态调载模拟计算

在安装设计阶段，拖拉装船的调载计算是一个调载的可行性计算，分析在一定的时间范围内驳船调载是否能满足潮汐和工程的要求。但是在施工的过程中还需要根据现场的实际情况进行动态的调载模拟计算。先将拖拉装船的数据文件做好，在现场只需根据各个准确时间的潮位换算成驳船的吃水深度，适当调整命令文件中的驳船吃水和各舱水量的变化，计算出每一步骤时驳船各个舱的水量的准确值，使驳船按照实际的计算值进行调载。

7)驳船系泊力分析

在码头滑移装船时，由于环境荷载的影响，需要对驳船的系泊缆进行校核。根据 API RP 2P 的规范要求首先进行系泊力的计算。环境荷载考虑风和流的影响，分别算出对驳船上货物和船体的风和流的作用力，根据对船体运用力学平衡原理计算出系泊缆所承受的力，再选用合适的缆绳。

8)导管架装船拖拉力的计算

导管架装船时主要克服滑靴与滑道之间的静摩擦力，因此拖拉力就是这个静摩擦力。根据滑靴与滑道所选用的不同的材料，因此静摩擦系数也要视不同材料间的滑动摩擦而变化。

2. 装船强度分析

在拖拉装船过程中，由于现场滑道不是完全平整和在装船过程中受拖拉力不均匀等因素的影响，需要对导管架的结构在装船状态下进行强度分析。所采用的计算模型与运输分析中一致，需要考虑以下几种工况。

(1)所有的滑靴都能承受力；

(2)考虑某一个滑靴可能与滑道不能紧密接触，也就是悬空的情况；

(3)考虑所有的滑靴都能承受力，滑靴结构在拖拉力的影响下的强度分析。拖拉力考虑为结构重量的20%；

(4)在一部分滑靴上船时，考虑船上滑道与码头滑道不平的情况。分别对船上滑道与码头滑道的高差为±20mm 的情况进行分析。

三、驳船运输稳性分析

1. 使用的程序

使用 MOSES 程序，驳船装载货物后，需做驳船运输完整和破舱稳性分析。

2. 数据文件

(1)建立船舶坐标系，一般定义船底部船艏处为坐标原点，沿船长度方向为 x 轴，船底部平面自 x 轴逆时针方向旋转90°为 y 轴，自原点垂直向上为 z 轴。见图8-4-6：

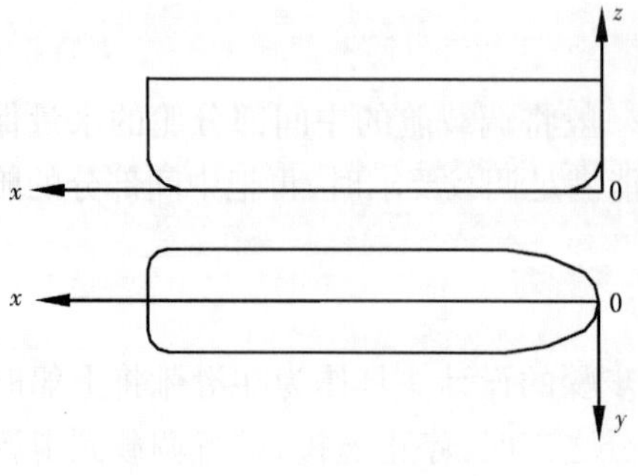

图8-4-6 船舶坐标系

首先根据船舶的型线图、稳性计算书、舱室图等，定义船体、住舱、调载舱及附属物的重量、位置；然后根据装载物的尺寸、重量及在驳船上的位置，将装载物的重量、重心、受风面积值输入到文件中。

(2)定义船舶原点吃水、横倾、纵倾角度，设计风速、调载方案、破舱选择、稳性曲线等。

吃水：驳船的吃水一方面要足够小，以给出足够的干舷高度和稳性，另一方面吃水又要足够大，以减少运动和波浪的冲击。根据装载货物的多少，驳船的拖航平均吃水为型深的35% ~60%；技术规格书有特殊要求的以技术规格书为准。

横倾:如驳船为可调载的船舶,横倾角度为0°;对不能调载的驳船,应调整货物的位置,使横倾角度调为最小。

纵倾:应选择适当的纵倾以便于船舶的方向控制,通常选取艉倾,其倾斜度为水线长度的1%。

设计风速:完整稳性风速取1min平均风速,没有规定或缺少资料时,完整稳性风速取100节(50m/s);破舱稳性风速取50节(25m/s),如此值超出完整稳性风速,则选用完整稳性设计风速。

调载方案:对可调载的船舶,参与调载的压载舱应加以选择并尽量少,如可能则水应充满压载舱,其他舱则应是空舱。

破舱选择:在任何一个舱进水或开口后,拖航应有正稳性。破损舱应选择对船舶稳性最不利的位置,通常选择船头或船尾的舱室。如一个充满水的舱室开口比一个空舱进水更为严重时,应考虑满舱破损。

稳性曲线:包括驳船完整稳性和破舱稳性曲线;图中水平轴为船舶横摇角(度),左边垂直轴为扶正力臂(m),右边垂直轴为扶正力臂(力矩)曲线下面积与风倾力臂(力矩)曲线下面积比。

3. 计算操作过程

在DOS下运行。

c:\tidy aaa

c:\moses aaa

计算结果文件为aaa. out,稳性曲线图为aaa. gdv。

4. 报告

从aaa. out文件中,读取船舶的艏吃水、横倾、纵倾值,计算船舶的进水角,在稳性曲线图中查出在进水角处的扶正力臂(力矩)曲线下面积与风倾力臂(力矩)曲线下面积的比值,此比值应不小于1.4。

根据完整稳性的计算结果,标出船舶压载水舱的压载布置图。

四、驳船与导管架运输强度分析

1. 驳船与导管架运输整体强度分析

导管架从预制建造场地到海上油田进行安装,需要用驳船将导管架运输到油田目的地。在这个运输过程中,导管架的强度需要进行分析。

(1)将用于起吊的SACS模型文件进行修改,成为运输的模型文件。首先去掉弹簧、吊绳,并将吊绳的重量加在索具平台上。然后根据装船图中的装船固定方式将模型进行固定约束,如果加有临时支撑或垫墩,需要将临时支撑模拟到模型中,将垫墩的重量也要加到模型中,并且根据船体坐标调整导管架的竖直方向坐标。

(2)根据驳船运输稳性计算的结果,确定导管架的摇摆中心。即是将船体坐标系下的重心(拖航状态下船与导管架的整体重心)转换成导管架的坐标系下的重心,其中竖直方向的坐标是驳船的水线。

(3)建立运输计算的数据文件,包括导管架的摇摆重心和驳船的运动响应。驳船的运动响应需要根据项目的规格书要求来确定。

(4)做导管架的运输分析计算。在SACS程序中,所用的计算模块如图8-4-7:

选择运输的模型文件和运输的数据文件进行运输分析,得到towoci. * 文件,将该文件加上风的影响,然后进行线性分析和冲剪计算,从结果文件中可以得到导管架在运输过程中的强度是否足够。

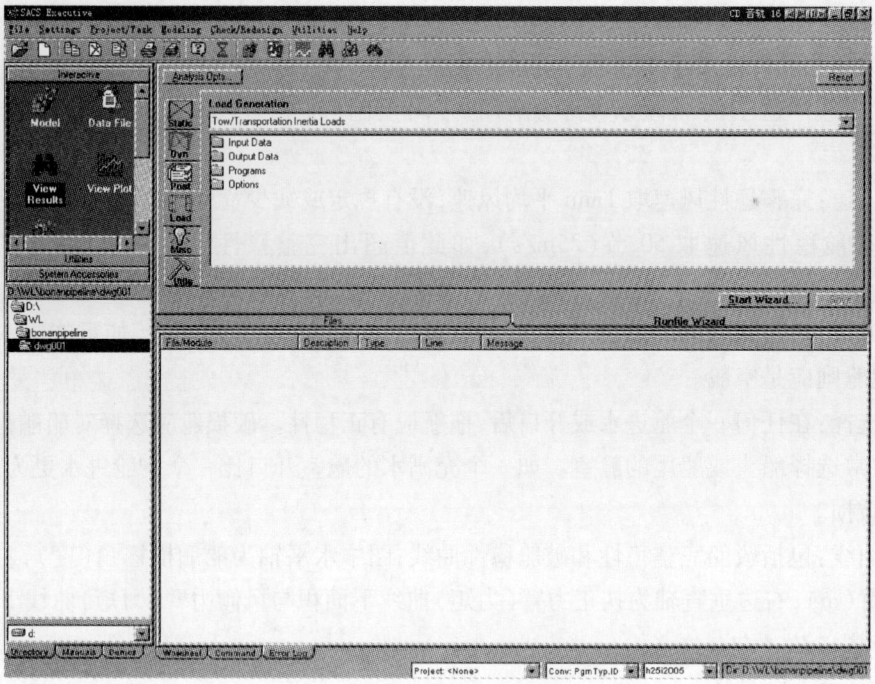

图 8-4-7　做导管架的运输分析计算

2. 驳船局部强度有限元分析

在导管架的装船设计时,应考虑到驳船的甲板局部强度是否足够。所用的作用在甲板上的载荷应采用运输分析中的动态分析的支反力。对于驳船的甲板局部强度分析,一般用 SESAM 软件,进行有限元分析。

3. 驳船局部强度对比分析

对于过去用过的驳船,如果装船方式和位置较为相同,可以用现有的分析结果进行对比。已有的驳船分析结果有滨海 306/307、滨海 308、方驳一号和津海驳船。

4. 驳船甲板均布荷载计算

对于驳船的甲板均布载荷,可以将载荷除以结构与甲板的接触面积,将其结果与驳船甲板允许承受的均布荷载进行比较即可。这种计算由于只考虑实际接触面积,受力延展没有考虑,因此比较保守。

5. 导管架固定强度计算

导管架装船固定主要有几种形式,包括用筋板固定和加临时支撑等。由于在导管架装船时,一般还要装桩在同一条船上,因此,一般将导管架放在垫墩上。

(1)加临时支撑时,可以将临时支撑作为导管架的一部分模拟到模型中,与导管架一起进行强度校核。

(2)加筋板进行固定时,需要对导管架腿与垫墩之间进行固定。根据规范,需要对筋板的受压、剪切和压弯组合强度进行校核。剪切需考虑水平和竖直两个方向的剪切应力,还必须校核焊缝强度。

(3)对于垫墩和甲板之间的筋板校核,与导管架和垫墩之间的筋板一样。

6. 钢桩、隔水套管固定强度分析

对于钢桩、隔水套管装船固定一般采用加边档的方式,只需对边档进行校核。

1)计算方法

(1)在刚体运动方法中,荷载组合可采取下述两种:

横摇+升沉+结构自重;

纵摇 + 升沉 + 结构自重。

(2)计算允许应力可以提高 1.33 倍。

(3)上述计算中的运动加速度值(或振幅)、周期,从技术规格书中查找。在没有数据资料时,可参照表 8-4-1。

表 8-4-1 运动幅值

型式	单幅(在 10s 全循环周期)		
	横摇	纵摇	升沉
小货驳船(总长小于 76m,或者宽度小于 23m)	25°	15°	0.2g
大驳船	20°	12.5°	0.2g
小船	30°	15°	0.2g

2)力的计算

由货物自重和惯性产生的力如下:

横向力:

$$F_T = \frac{W \cdot 4\pi^2 \cdot \phi \cdot z}{g \cdot T_\phi^2} + \frac{W \cdot 4\pi^2 \cdot h \cdot \sin\phi}{g \cdot T_h^2} + W \cdot \sin\phi \qquad (8-4-1)$$

纵向力:

$$F_L = \frac{W \cdot 4\pi^2 \cdot \theta \cdot z}{g \cdot T_\theta^2} + \frac{W \cdot 4\pi^2 \cdot h \cdot \sin\theta}{g \cdot T_h^2} + W \cdot \sin\theta \qquad (8-4-2)$$

横摇时的垂向力:

$$F_{PR} = \frac{W \cdot 4\pi^2 \cdot \phi \cdot y}{g \cdot T_\phi^2} + \frac{W \cdot 4\pi^2 \cdot h \cdot \cos\phi}{g \cdot T_h^2} + W \cdot \cos\phi \qquad (8-4-3)$$

纵摇时的垂向力:

$$F_{PP} = \frac{W \cdot 4\pi^2 \cdot \theta \cdot x}{g \cdot T_\theta^2} + \frac{W \cdot 4\pi^2 \cdot h \cdot \cos\theta}{g \cdot T_h^2} + W \cdot \cos\theta \qquad (8-4-4)$$

式中 W——货物重,tons;

g——重力加速度,m/s^2;

ϕ——横摇振幅,rad;

T_ϕ——横摇周期,s;

θ——纵摇振幅,rad;

T_ϕ——纵摇周期,s;

h——升沉振幅,m;

T_h——升沉周期,s;

z——平均水线至货物重心的垂直距离,m;

y——船中心线至货物重心的横向距离,m;

x——从纵摇轴(船舶纵摇轴未知时,通常从船中向船尾方向移 0.167 船长)至货物重心的水平距离,m。

3)边挡的校核

将横向边档模拟为 SACS 模型,运用 SACS 软件进行线性分析。

五、吊装索具设计

导管架的起吊索具配置。导管架起吊索具配置的长度是否符合实际所需长度，直接影响到导管架起吊时或下放到海底泥面是否水平(如果海底有凹凸不平的障碍物例外)。索具具体配置方法如下：

(1)确定导管架的重心位置。

(2)确定每一根吊扣的设计起吊重量。根据API规范考虑每根吊扣的最小破断数值应大于设计起吊重量的4倍。如果业主有具体的要求并且与API规范不冲突应按照业主的要求确定吊扣的规格。

(3)确定起吊卡环的规格。根据每个吊点的受力大小和吊点的建造样式确定使用卡环的规格。

(4)确定每一根吊扣的长度。根据海上施工所用船舶情况，再考虑2m左右的余量确定导管架的最大可用吊高。根据最大可用吊高确定出每根吊扣的实际长度。确定吊扣实际长度时还应考虑吊扣与水平夹角不小于60°。

(5)吊扣的实际长度与设计长度之间的误差要求满足API规范(小于0.25%)。

(6)实例见表8－4－2。

表8－4－2　计算实例

	A1,mm	A2,mm	B1,mm	B2,mm				Jacket leg/2 Padeye offside		
	10.26	10.26	6.7333	6.6933				0.6975	0.4	0.0367
L1,mm	11.175									
L2,mm	11.153									
L3,mm	11.175									
L4,mm	11.153									
	两钩齿之间的距离									
	800	大力号船	1000	蓝疆号船	400	南天龙船				
	H		(从钩头到吊耳的距离)							
	20.185									
L1,mm	23.072	23.072	0.000	0.00%	201	1500	7.46			
L2,mm	23.061	23.072	－0.011	0.00%	212	1500	7.08			
L3,mm	23.072	23.072	0.000	0.00%	202	1500	7.43			
L4,mm	23.061	23.072	－0.011	0.00%	211	1500	7.11			
L1	400TA									
	572	22500					23072			
L2	400TA									
	572	22500					23072			
L3	400TA									
	572	22500					23072			
L4	400TA									
	572	22500					23072			

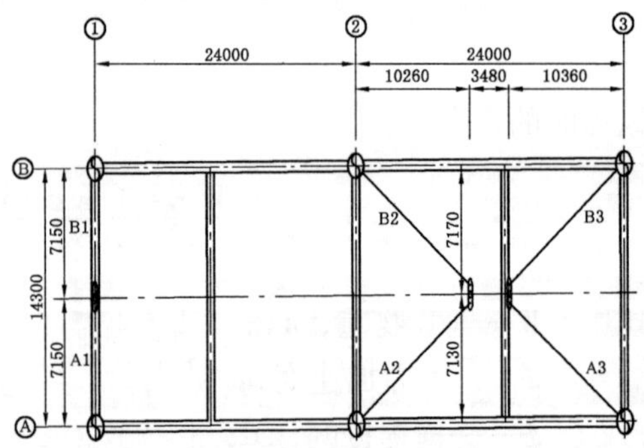

六、钢桩、隔水套管打入性分析

1. 概述

钢桩的直径一般从42in(1067mm)到96in(2438mm)不等，隔水套管的直径从20in(508mm)到36in(914mm)。可打入性分析程序采用荷兰引进的TNOWAVE波动方程程序。

海洋石油工程设计指南

海上平台基础最常用的桩基础是开口钢管桩，通常是采用柴油、蒸汽或液压为动力的冲击锤将钢桩、隔水套管打入海底的。打钢桩、隔水套管的过程中有以下几个问题需要解决：

(1)确定打钢桩、隔水套管的应力。打钢桩、隔水套管应力过大时，即使是钢管桩也会出现折屈破坏。可用波动方程研究确定正确的施工工艺，防止钢桩、隔水套管打坏或使打桩机具受力过大而破坏。

(2)在给定的锤—桩—土组合下选择经济适用的打桩锤，确定打桩锤能够把钢桩、隔水套管打到设计入泥深度并预测钢桩、隔水套管的打入阻力。

(3)确定钢桩、隔水套管本身组成的最佳设计。钢桩、隔水套管本身截面面积不仅影响钢桩、隔水套管的打桩应力大小，还直接涉及到钢桩、隔水套管本身的刚度、强度从而影响锤击能量的传递和打桩锤的打桩能力。

2. TNOWAVE 程序理论简介

1)TNOWAVE 程序的理论依据

钢桩、隔水套管是一根细长的杆件，因此在研究打钢桩、隔水套管过程时不能将问题简单地看成为刚体的碰撞，而必须考虑应力波在钢桩、隔水套管中的传播。如果再进一步忽略土体振动的影响，打钢桩、隔水套管过程可用一维波动方程来描述。一维波动方程的形式为：

$$\frac{\partial^2 u}{\partial x^2} - \frac{1}{c^2}\frac{\partial^2 u}{\partial t^2} = 0 \qquad (8-4-5)$$

式中 u——杆件微元的轴向位移；

x——坐标轴；

t——时间；

c——波的传播速度，$c=\sqrt{\frac{E}{\rho}}$；

E，ρ——分别为杆件的弹性模量和密度。

2)TNOWAVE 程序的求解方法

1950 年 E. A. Smith 对锤—桩—土体系提出了用一系列质块、弹簧和阻尼器组成的离散化计算模型，并用差分方程和电子计算机进行计算，求得精确的数值解。1960 年 Smith 又发表了著名论文“打桩分析的波动方程法”，对打钢桩、隔水套管中的贯入性状进行了分析，并讨论了桩锤、锤垫、桩帽、桩垫以及桩和土的模拟问题，在文中定义了模拟中所涉及的全部参数，并从各种不同的应用波动方程的打钢桩、隔水套管实例中，提供了这些参数的建议值，从而使波动方程分析法开始进入实用阶段。人们常把 Smith 提出的土体模型简称为“Smith 模型参数”。

TNOWAVE 程序中打钢桩、隔水套管分析是以波动方程为理论基础，求解不是采用 Smith 提出的波动方程数值差分法，而是采用的是行波理论方法。即将波动方程的通解表示为：

$$u = u^{\downarrow}(x-ct) + u^{\uparrow}(x+ct) \qquad (8-4-6)$$

该通解由下行波和上行波组成，其传播速度都为 c，但传播方向相反。波沿特征线($x \pm ct$)传播。由边界条件和初始条件就可获得方程的解。

3. TNOWAVE 程序输入数据的准备

在 TNOWAVE 程序中进行钢桩、隔水套管的可打入性分析中，需要给出桩土的单位侧摩阻力、单位端阻力。因此在 TNOWAVE 程序的数据输入前，必须进行单位侧摩阻力、单位端阻力的计算。

根据业主提供的 xxx 项目工程地质调查及土质分析的详细资料报告，按 API 规范的要求，计算出单位侧摩阻力、单位端阻力，分黏土和砂土，计算公式如下：

计算黏土：

桩的单位侧摩阻力：

$$f = \alpha c \tag{8-4-7}$$

$$\alpha = 0.5\psi - 0.5 \qquad \psi \leqslant 1.0$$

$$\alpha = 0.5\psi - 0.25 \qquad \psi > 1.0$$

$$\psi = c/P_0$$

限制条件：$\alpha \leqslant 1.0$

桩的单位端阻力：

$$q = 9c \tag{8-4-8}$$

计算砂土：

桩的单位侧摩阻力：

$$f = KP_0\tan\delta \tag{8-4-9}$$

桩的单位端阻力：

$$q = P_0N_q \tag{8-4-10}$$

4. TNOWAVE 程序输入数据

TNOWAVE 程序的输入是采用人机对话，下面结合 TNOWAVE 程序的主菜单，介绍输入数据的主要步骤：

"MAIN MENU"（主菜单），见表 8-4-3。

表 8-4-3　主菜单

MAIN MENU		（主菜单）
Data input mode	=1	输入数据
File handling	=2	文件处理
Run TNOWAVE	=3	运行 TNOWAVE
Run TNOSTAT	=4	运行 TNOSTAT
Graphics mode	=5	图形模式
Graphics report mode(fixed mode)	=6	图形报告（固定）模式
Data output mode	=7	输出分析报告
About TNOWAVE	=8	有关 TNOWAVE 说明
Performance improvement report	=9	性能改进报告
Stop program	= -1	退出程序
Please type your choice	:1	输入选项

主菜单共有 10 个子菜单。一般而言，运用该程序分析打桩工程的基本步骤是：

1—进入 1 号子菜单输入所有的数据；

2—输完数据后，再进入 2 号子菜单，保存输入的数据（文件名为＊. DAT）；

3—选择 3 号子菜单，运行 TNOWAVE 进行有关计算分析；

4—进入 7 号子菜单可浏览、打印分析报告（输入数据及计算结果），并可将其保存为文件名为＊. TXT；

5—选择 5、6 号子菜单可以取舍相关图形。

主菜单1：

输入数据：

输入数据通常分为3个部分：打桩锤的选择、钢桩、隔水套管数据的输入、土层数据的输入。

1）选择打桩锤

根据详设资料，确定打桩锤。主要数据包括锤类型、生产厂商的选择和锤能量级别，锤效率的确定以及打桩锤替打等有关数据的确定输入。

2）钢桩、隔水套管数据的输入

打桩锤的数据输入后，即输入钢桩、隔水套管的相关数据，根据工程项目组提供的钢桩、隔水套管的图纸，进行分段，并分别输入。

另外在桩的分段资料输入时，注意选择是开口桩还是闭口桩，确定钢桩、隔水套管的弹性模量、密度。

3）输入土层的资料

土层数据包括：

（1）选择土体的计算模型。

（2）确定土体模型的描述。

（3）给出土层厚度，输入每层土钢桩、隔水套管的侧摩阻力、端阻力，以及屈服因子、疲劳因子、弹性变形、阻尼系数值等。

（4）对于开口桩内侧摩阻力的选定，取内侧摩阻力与桩端土塞支撑力两者的小值。

（5）选定土体疲劳方法，通常选第3项（从地面到距桩底5m深度线性疲劳）或第5项（从地面到距桩底5m深度非线性疲劳）。

最后给出项目信息及所用单位制。

5. 运行TNOWAVE程序

主菜单3：运行TNOWAVE进行有关计算分析：

在主菜单中选“3”进入“Run TNOWAVE”（运行TNOWAVE程序），有3项计算选择，一般不需单独分析“1”，进行“2”分析可包括“1”。

“2”，“3”分析不能同时进行，一般先进行“2”计算，再进行“3”计算，分析完毕后，经过“Data output mode”，把计算结果（＊.WAV和＊.CAP）保存为（＊.TXT）文件。

6. TNOWAVE程序分析结果输出

主菜单7：输出分析报告：

在完成计算分析后，应返回“MAIN MENU”（主菜单）进行数据输出。选“7”则进入“Data output mode（数据输出菜单），见表8－4－4。

输出以贯入深度为函数的预测结果：

表8－4－4　数据输出菜单

计算序号	贯入深度 m	锤击数 bl/0.25m	锤能 kN·m	锤效率 %	传递能量 kN·m	最大拉应力 MPa	最大压应力 MPa	静阻力 MN

注：（1）最大压应力—是指沉桩到某一贯入深度时，桩顶处的最大压应力值。

（2）最大拉应力—是指沉桩到某一贯入深度时，整个桩体中的最大拉应力值。

（3）静阻力—桩周静阻力。

计算分析结果图形

计算分析结果图形应包括：贯入深度与所发挥的桩周静阻力关系曲线；单桩承载能力曲线以及贯入深度与击数关系曲线；即：见图8－4－8、图8－4－9和图8－4－10所示。

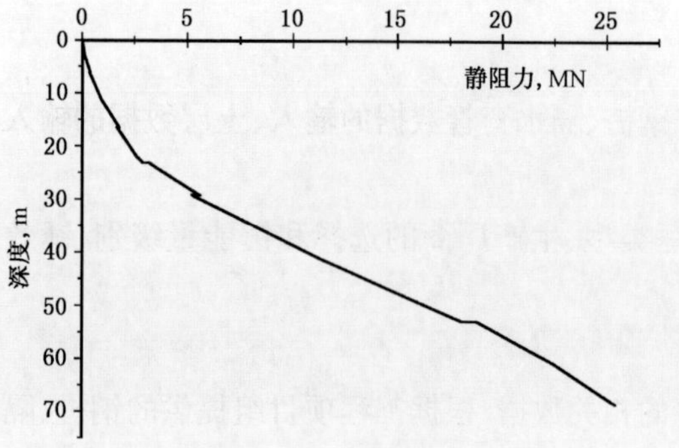

图 8－4－8　静阻力曲线

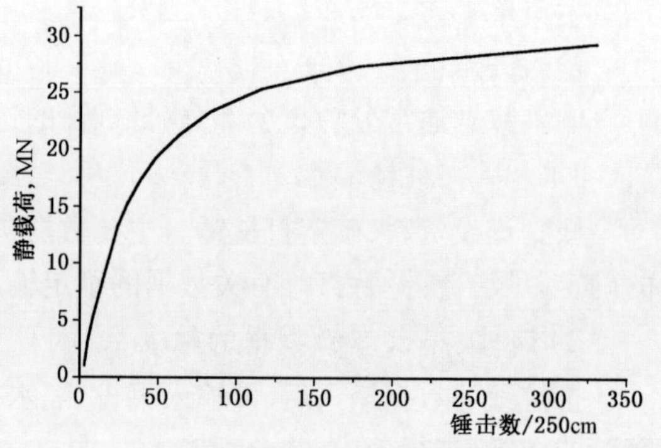

图 8－4－9　承载力曲线

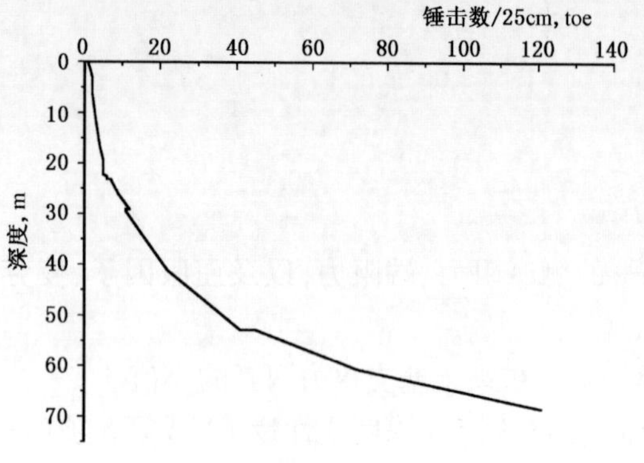

图 8－4－10　锤击数曲线

7. 钢桩(隔水套管)的可打入性分析报告

钢桩、隔水套管的可打入性分析报告包括如下内容：

(1)工程介绍：项目名称、水深、使用的锤型等。

(2)采用的标准规范和使用的 TNOWAVE 程序。

(3)土层资料。

(4)钢桩、隔水套管图。

(5)锤的特性简介。

(6)打钢桩、隔水套管的分析步骤：

通常按钢桩、隔水套管的分段划分打钢桩、隔水套管的分析步骤，叙述每个步骤采用的锤型和要求的贯入深度。

(7)钢桩、隔水套管可打入性分析的结论报告：

通过 TNOWAVE 程序分析，给出钢桩、隔水套管是否能打入到设计深度的结论。

七、钢桩、隔水套管自由站立强度校核

1. 概述

导管架在海上就位后，即进行插桩、打桩、接桩等工作。在钢桩、隔水套管插入后或连接钢桩、隔水套管焊接后，将吊起打桩锤安装在钢桩、隔水套管顶部，此时需要对钢桩、隔水套管的自由站立强度进行校核，使其满足规范的要求。

2. 基础数据的准备

(1)打桩锤的参数：打桩锤的重量；打桩锤的长度。

(2)钢桩、隔水套管的截面特性：根据业主提供的钢桩、隔水套管数据，按表 8－4－5 要求计算出参数。

表 8－4－5　钢桩、隔水套管的截面特性

外径 mm	壁厚 mm	钢材等级	屈服强度 kN/cm^2	单重 t/m	截面积 cm^2	截面模量 cm^3	旋转半径 cm

3. 自由站立强度校核

(1)计算钢桩、隔水套管的自由站立长度:计算时取钢桩、隔水套管泥面以上的垂直距离。

(2)计算钢桩、隔水套管、锤的重量。

(3)计算钢桩、隔水套管的轴向应力:

$$f_a = P/A \tag{8-4-11}$$

(4)计算钢桩、隔水套管的弯曲应力:

$$f_b = M/W \tag{8-4-12}$$

(5)计算 Kl/r 值:

K——长细比;

l——自由站立长度;

r——旋转半径。

(6)按照 API 规范要求,计算 C_c 值、F_a值、F_b值:

求 C_c 值:

$$C_c = \sqrt{2\pi^2 E/F_y} \tag{8-4-13}$$

求 F_a值:

如果 Kl/r 小于 C_c

$$F_a = \frac{\left[1 - \frac{(Kl/r)^2}{2C_c^2}\right]F_y}{\frac{5}{3} + \frac{3(Kl/r)}{8C_c} - \frac{(Kl/r)^3}{8C_c^3}} \tag{8-4-14}$$

如果 Kl/r 大于 Cc

$$F_a = \frac{12\pi^2 E}{23(Kl/r)^2} \tag{8-4-15}$$

求 F_b值:

$$F_b = \text{当 } D/t \leqslant 1500/F_y,$$

$$F_b = 0.75F_y。 \tag{8-4-16}$$

(7)按照 API 规范要求,进行评估:

如果: $f_a/F_a < 0.15$

那么: $U.C = f_a/F_a + f_b/F_b < 1.0$ OK (8-4-17)

如果: $f_a/F_a > 0.15$

那么: $F_e = F_a, C_m = 1.0,$

$$U.C = \frac{f_a}{F_a} + \frac{C_m f_b}{\left(1 - \frac{f_a}{F_e}\right)F_b} < 1.0 \quad \text{OK} \tag{8-4-18}$$

八、钢桩、隔水套管平吊装船、起桩直立强度计算

依据 DNV 规范,钢桩、隔水套管平吊装船、起桩需进行强度校核。校核计算中需考虑环境条件的影响,根据 DNV 规范,环境条件的影响一般采用动力放大系数(DAF)来考虑,可参照表 8-4-6。

表 8-4-6 动力放大系数

起吊物重,t	<100	100~1000
DAF(海上)	1.30	1.20
DAF(陆地)	1.15	1.10

1. 钢桩、隔水套管平吊装船

钢桩、隔水套管平吊装船强度计算,可用 SACS 程序来完成。

2. 钢桩、隔水套管起桩直立

钢桩、隔水套管起桩直立强度计算,可用 SACS 程序来完成。可计算 0°、15°、30°、45°、60°、75°、90°方向的受力分析,钢桩一端加弹簧(节点约束为 010000),在船上的支撑点加约束(111100)。

九、吊耳强度校核

在详细设计时对吊耳进行了计算,如果在安装设计阶段,导管架的实际重量增加、重心偏移以及索具与水平面之间的夹角变小,需要对吊耳强度重新校核。根据吊耳的不同形式进行不同的校核,一般吊耳是要穿卡环的,也有索具直接套在吊耳上。对于后者需要对吊耳局部进行有限元分析,校核其强度。对于前者,可根据公式进行手算。具体需要校核以下几个方面:

(1)吊耳上销孔的压应力和剪应力校核;

(2)颊板的焊缝校核;

(3)吊耳板的拉弯组合应力的校核(包括平面内和平面外弯曲两种情况);

(4)吊耳板的剪应力校核。

第四节 图 纸

一、导管架装船布置图

参见图 8-4-11。

1. 导管架装船布置图要求能够清楚的体现内容

(1)导管架及垫墩安放在驳船上的装船位置及装船方向;

(2)导管架的装船固定形式,包括导管架与船、垫墩,垫墩与船的固定形式;

(3)全部装船固定构件必须标明杆件或板材尺寸,固定位置及固定方式,焊接高度及焊接形式;

(4)在注释中,应标明装船固定杆件的材质情况,焊接检验要求及其他特殊要求。

2. 导管架装船布置图设计应注意的事项

(1)设计导管架的装船位置及装船方向,要满足船体强度计算、船舶运输稳性计算及运输分析计算的要求,并且综合考虑导管架在场地的建造方向、码头装船时的船舶就位方向及海上施工下水就位时的船舶就位方向;

(2)导管架的装船固定形式,要满足装船固定校核计算的要求,选取合适的钢材及材质;

(3)焊接高度及焊接形式根据焊接结构形式及板材厚度决定。

二、导管架码头吊装工艺图

参见图 8-4-12(a),图 8-4-12(b)。

1. 导管架码头吊装工艺图要求能够清楚体现的内容

(1)导管架在码头及驳船上的方向、尺寸、重量重心等;

(2)导管架在码头的位置和离码头前沿距离;

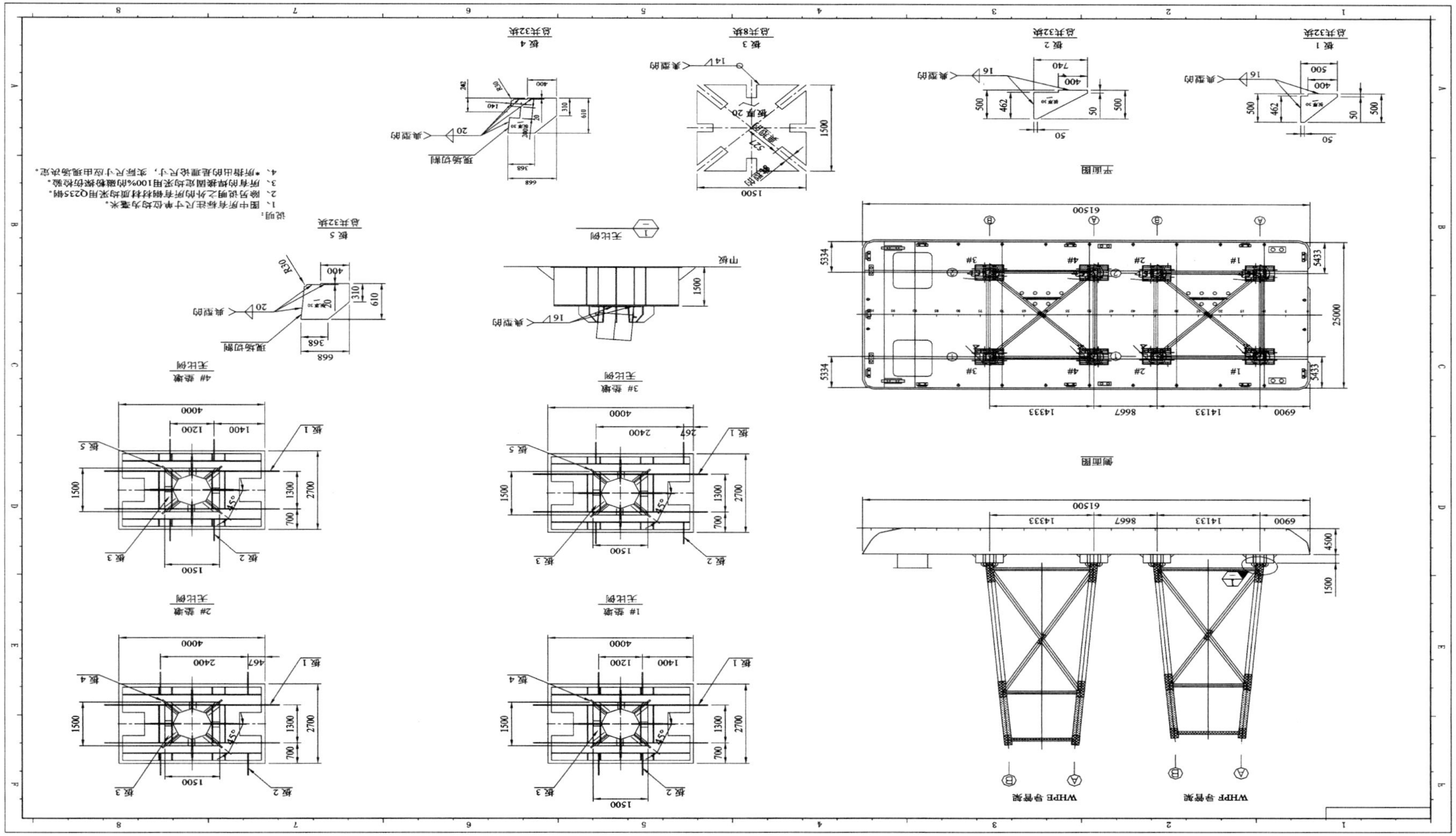

图8-4-11　导管架装船布置图

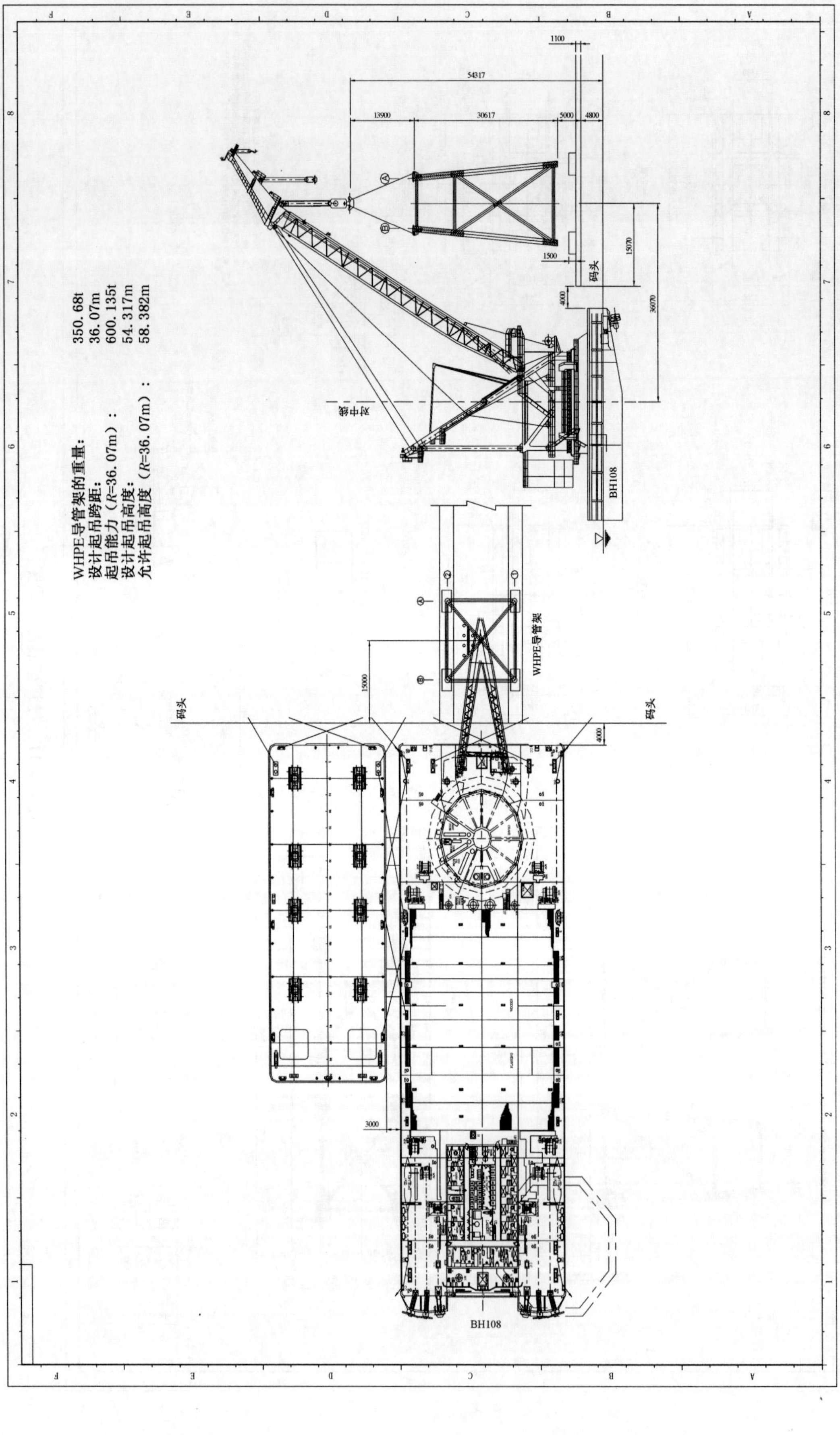

图8-4-12(a) 导管架码头吊装工艺图

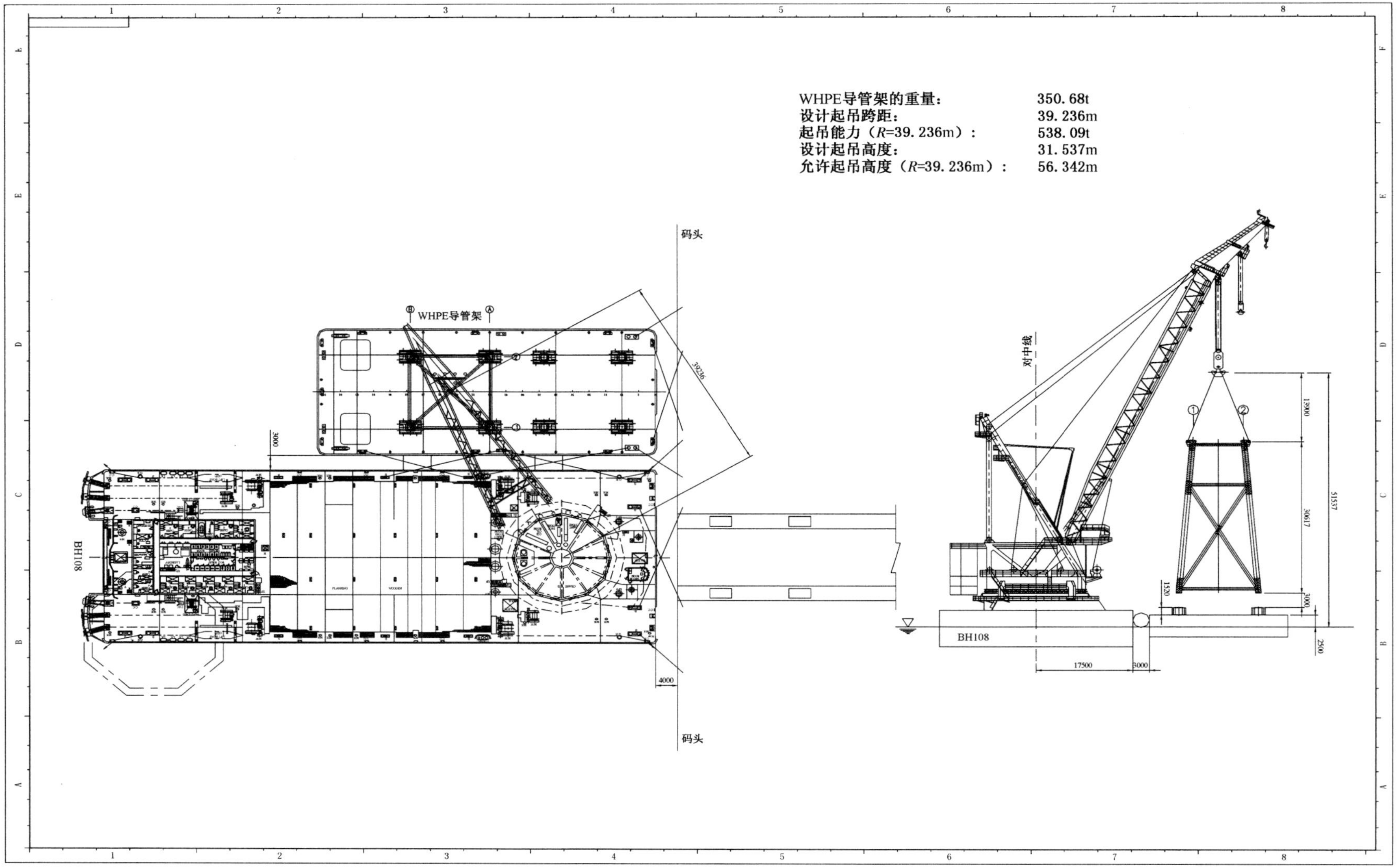

图8-4-12(b) 导管架码头吊装工艺图

(3)导管架码头吊装时,作业船与码头、作业船与驳船之间的距离;

(4)导管架码头吊装时,作业船的起吊跨距、起吊高度;

(5)在注释中,应标明导管架重量、导管架起吊所需起吊高度、施工船在设计跨距下的最大起吊重量及起吊高度。

2. 导管架码头吊装工艺图设计要考虑的内容

(1)导管架码头起吊时,计算在设计跨距下,起吊高度是否满足码头标高、滑道与滑靴高度、导管架高度、吊扣高度的要求;

(2)导管架下放至驳船时,计算在设计跨距下,起吊高度是否满足驳船干舷、垫墩高度、导管架高度、吊扣高度的要求。

三、导管架垫墩设计图

参见图8-4-13。

1. 导管架垫墩设计图要求能够清楚体现的内容

(1)垫墩的结构形式,杆件或板材的尺寸;

(2)垫墩的焊接高度及焊接形式;

(3)在注释中,应标明垫墩各部分的材质情况,焊接检验要求及其他特殊要求。

2. 导管架垫墩设计图设计要考虑的内容

(1)垫墩设计要依据垫墩强度计算进行,选择合适的结构形式、杆件及板材;

(2)焊接高度及焊接形式根据焊接结构形式及板材厚度决定;

(3)垫墩在驳船上的布置要综合考虑甲板纵横梁位置。

四、船体局部加强图

参见图8-4-14。

1. 船体局部加强图要求能够清楚体现的内容

(1)船体局部加强的结构形式,杆件或板材的尺寸;

(2)加强结构的焊接高度及焊接形式;

(3)在注释中,应标明加强结构的材质情况,焊接检验要求及其他特殊要求。

2. 船体局部加强图设计要考虑的内容

(1)船体局部加强设计要依据船体强度计算进行,在船体薄弱处选择合适的结构形式、杆件及板材进行加强;

(2)焊接高度及焊接形式根据焊接结构形式及板材厚度决定。

五、作业船码头系泊布置图

参见图8-4-15。

1. 作业船码头系泊布置图要求能够清楚体现的内容

(1)作业船码头施工时的就位位置,船舶与码头、船舶与船舶之间的距离;

(2)作业船码头施工时抛锚数量、角度及长度,施工船与码头带缆数量及方式,船与船之间带缆方式及数量;

(3)导管架码头吊装时,导管架距离码头前沿的距离。

2. 作业船码头系泊布置图设计要考虑的内容

(1)码头距离是否满足船舶就位的要求;

(2)抛锚距离不能影响港口的航道;

(3)码头靠碰装置对作业船的系泊影响。

六、滑移装船拖拉系统和顶推系统布置图

参见图8-4-16。

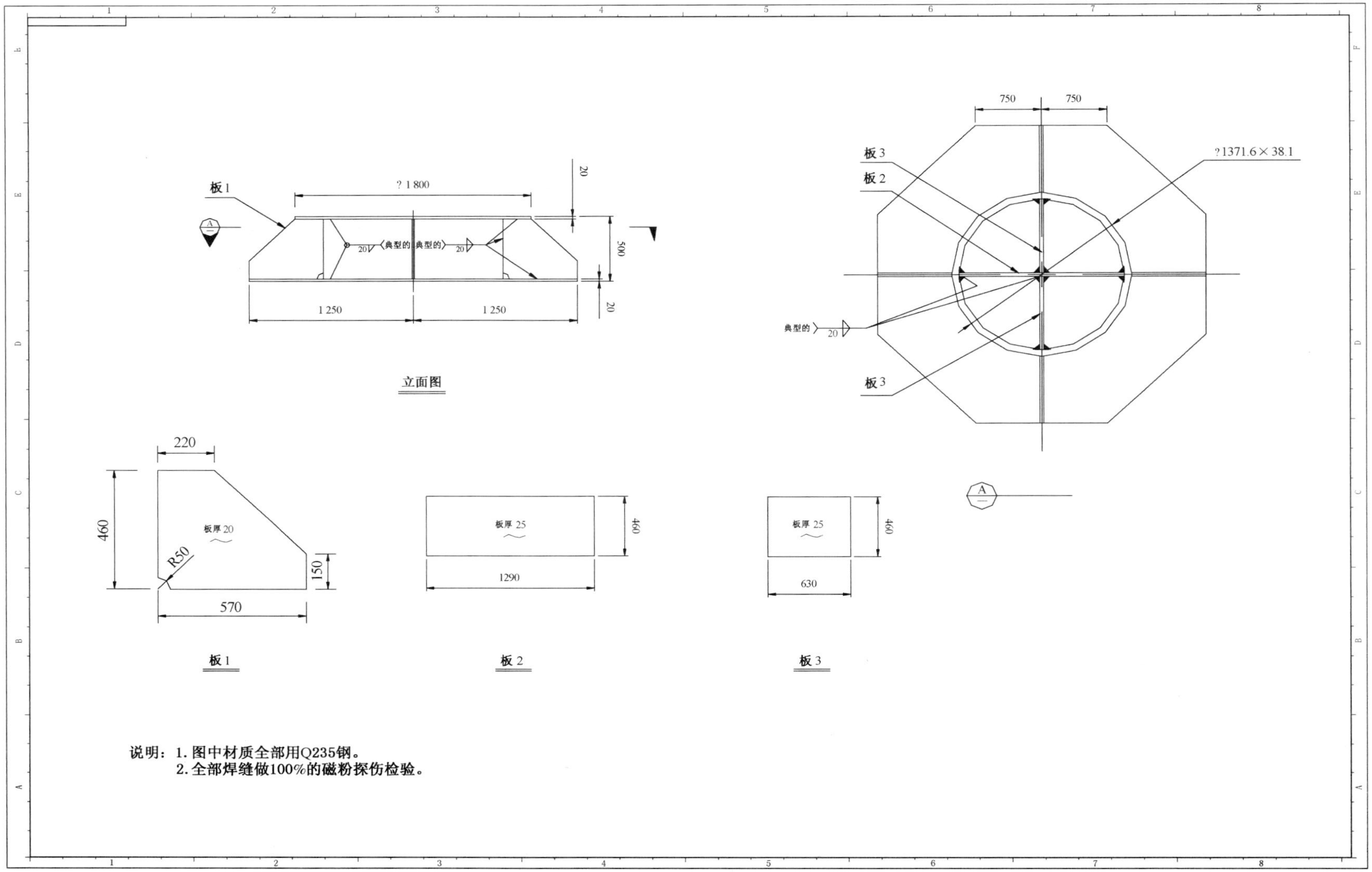

图8-4-13　导管架垫墩设计图

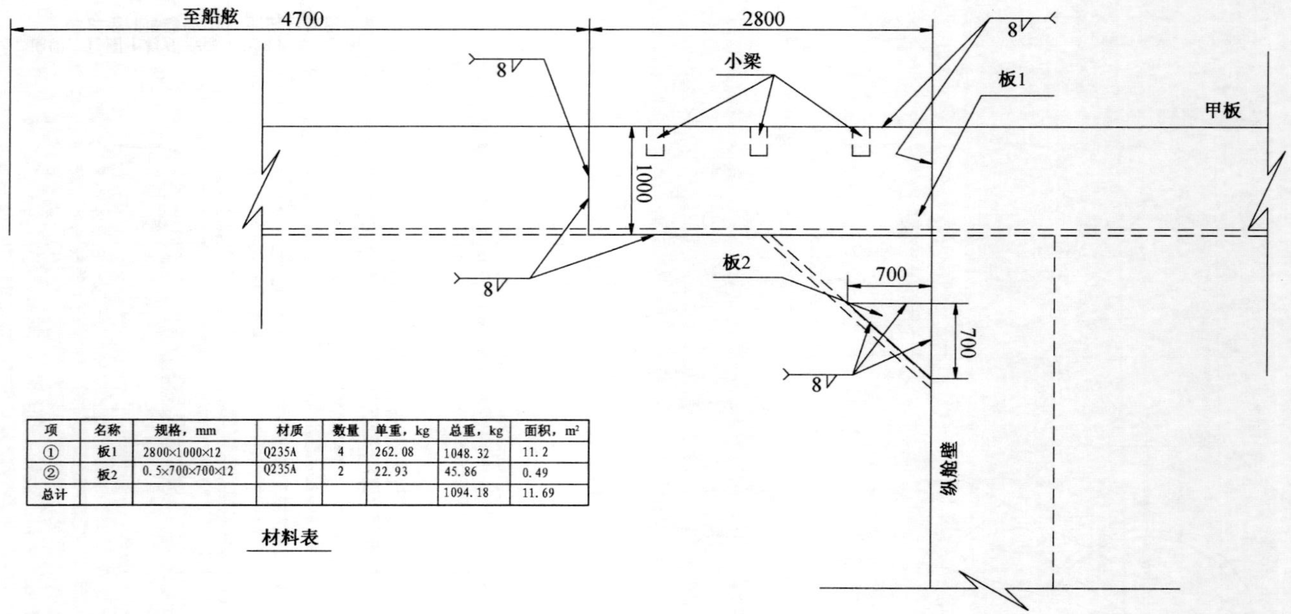

项	名称	规格，mm	材质	数量	单重，kg	总重，kg	面积，m²
①	板1	2800×1000×12	Q235A	4	262.08	1048.32	11.2
②	板2	0.5×700×700×12	Q235A	2	22.93	45.86	0.49
总计						1094.18	11.69

材料表

说明：1. 图中材质全部为Q235A。
2. 板1加固位置在Fr31和Fr35处，即距船尾42.5m和32.5m处（左右舷）。
3. 板2加固位置在Fr31，即距船尾42.5m处（左右舷）。
4. 如果加强板位置不合适，可以根据现场情况调整。
5. 全部焊缝要求MT检验。
6. 由于船横梁上有小梁，板1需要切除几小块，具体尺寸现场决定。

图8-4-14　船体局部加固图

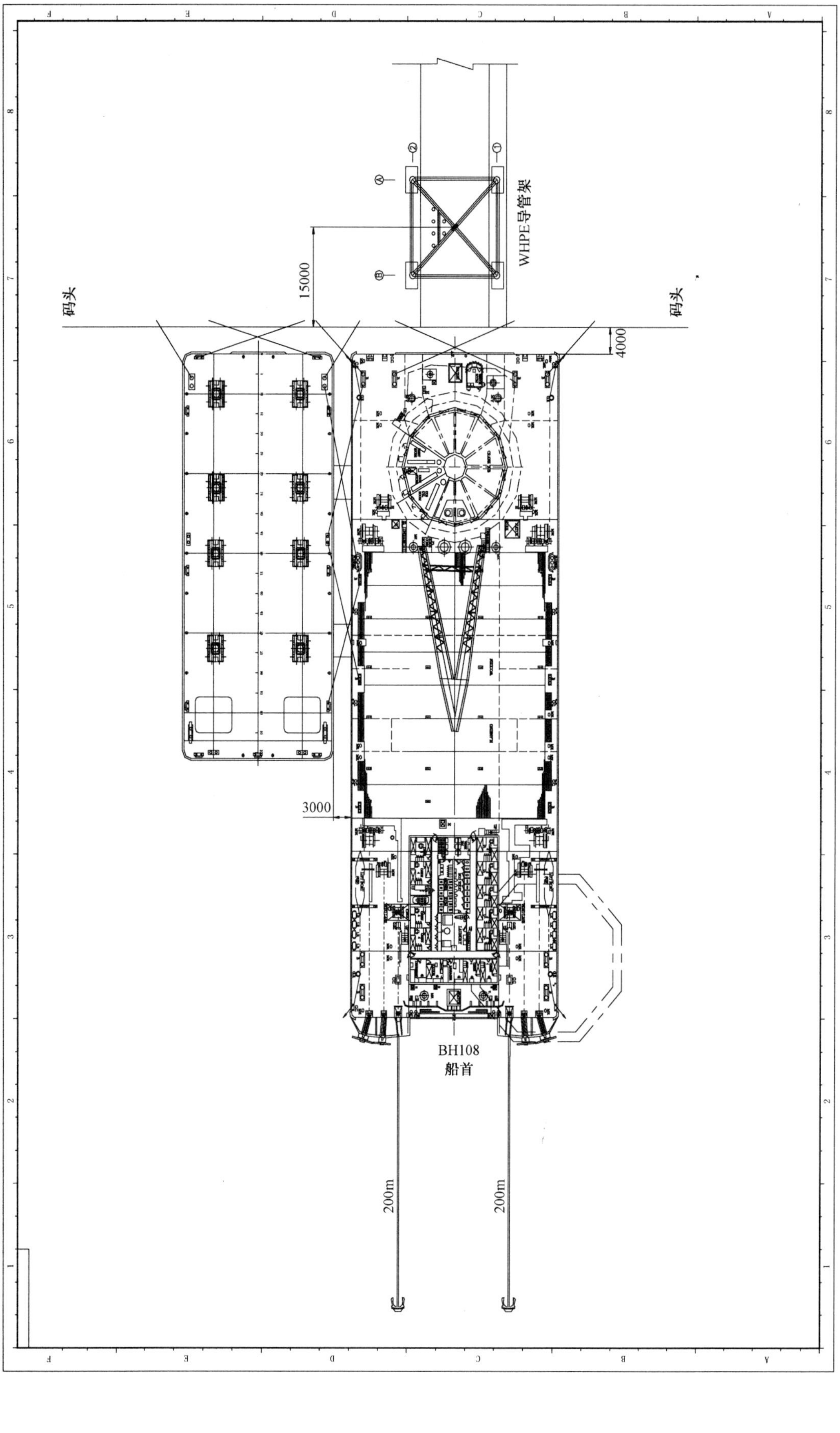

图8-4-15 作业船码头系泊布置图

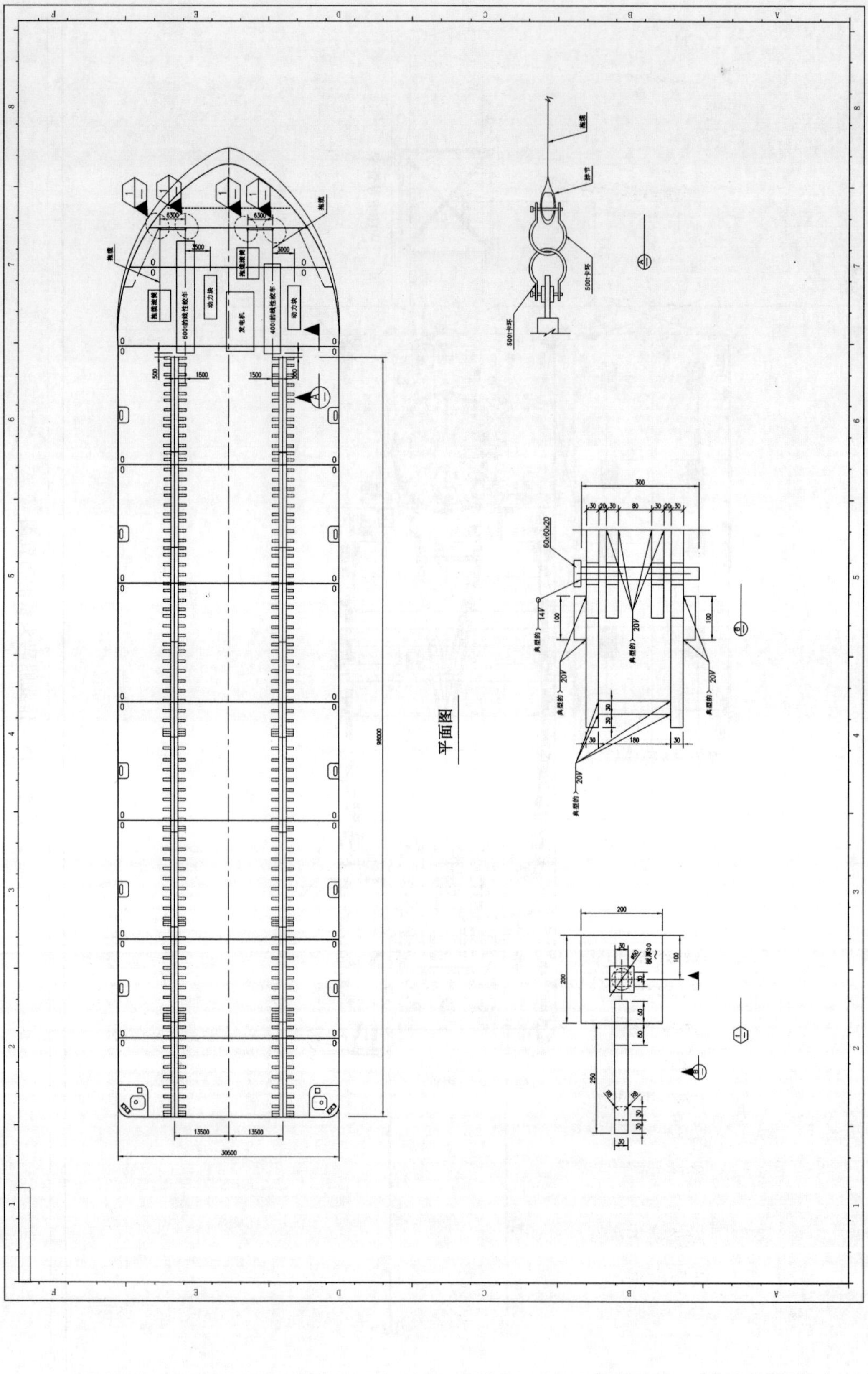

图8-4-16　滑移装船拖拉系统和顶推系统布置图

1. 滑移装船拖拉系统和顶推系统布置图要求能够清楚体现的内容

(1)拖拉系统和顶推系统相关设备的布置位置,设备与设备之间的距离;

(2)拖拉系统的详细布置及连接图(包括牵引钢丝绳、导管架拖拉点布置、牵引滑轮的连接图、止拖点/回拖点设计图等)。

2. 滑移装船拖拉系统和顶推系统的预留操作空间

滑移装船拖拉系统和顶推系统布置图设计要考虑根据拖拉和顶推设备需要的预留操作空间安排设备之间的距离。

七、船上滑道设计图

参见图 8-4-17。

1. 船上滑道设计图要求能够清楚体现的内容

(1)滑道在驳船上的摆放位置、节数及长度;

(2)滑道的固定方式;

(3)摇臂的位置摆放及固定(如采用下水驳船)。

2. 船上滑道布置图设计要考虑的内容

(1)根据导管架装船位置需要确定滑道长度;

(2)根据拖拉受力计算确定固定数量及形式;

(3)对于深水导管架拖拉采用下水驳船时,则需在设计中考虑下水驳船与码头的 Fender 结构。

八、钢桩、隔水套管及附件装船布置图

参见图 8-4-18(a),图 8-4-18(b)。

1. 钢桩、隔水套管及附件装船布置图要求能够清楚体现的内容

(1)桩、隔水套管及附件的装船位置及装船方向;

(2)桩、隔水套管及附件的装船固定形式,包括边档、垫木及压桩结构的形式;

(3)全部装船固定构件必须标明杆件或板材尺寸,固定位置及固定方式,焊接高度及焊接形式;

(4)在注释中,应标明装船固定杆件的材质情况,焊接检验要求及其他特殊要求。

2. 钢桩、隔水套管及附件装船布置图设计要考虑的内容

(1)桩、隔水套管及附件的装船固定形式,要满足装船固定校核计算的要求,选取合适的钢材及材质;

(2)桩及隔水套管垫木的数量要根据装船固定校核计算的要求确定;

(3)焊接高度及焊接形式根据焊接结构形式及板材厚度决定;

(4)桩、隔水套管的固定边档及斜撑应布置在运载驳船的横梁/纵梁结构上。

九、导管架吊装索具运输绑扎图

参见图 8-4-19。

1. 导管架吊装索具运输绑扎图要求能够清楚体现的内容

(1)吊装索具在导管架上的摆放位置;

(2)吊装索具绑扎固定形式。

2. 导管架吊装索具运输绑扎图设计要考虑的内容

(1)根据索具长度安排摆放形式,把所有索具挂钩的琵琶头摆放在一起便于挂钩;

(2)绑扎固定数量要满足运输条件要求,索具与导管架之间应安放垫木。

十、起重船机具布置图

参见图 8-4-20。

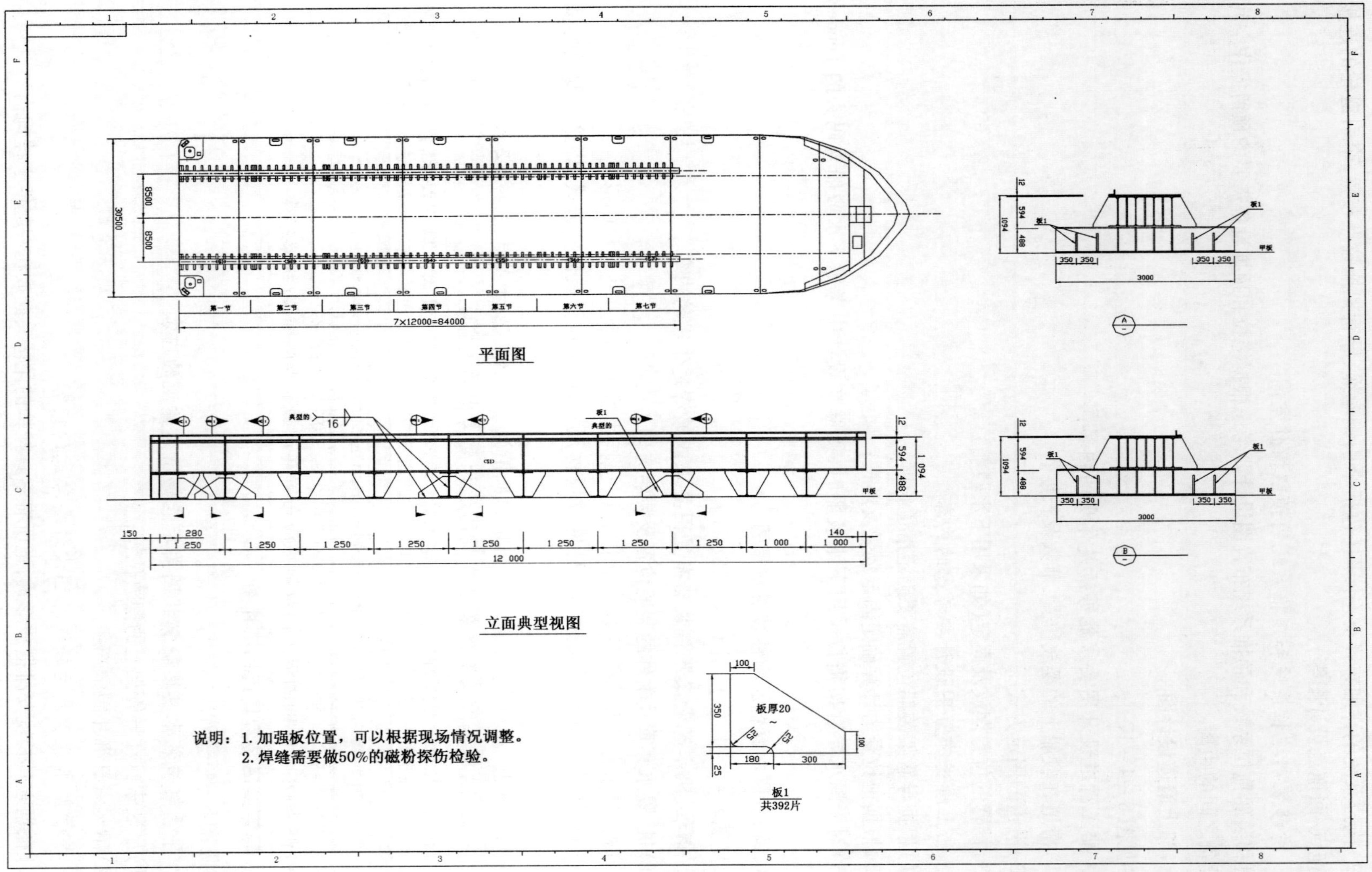
平面图
7×12000=84000
第一节
第二节
第三节
第四节
第五节
第六节
第七节
30500
8500
8500
立面典型视图
12 000
板1
典型的
板1
共392片
板厚20
甲板
3000
1094
说明：1. 加强板位置，可以根据现场情况调整。
2. 焊缝需要做50%的磁粉探伤检验。

图8-4-17　滑道设计图

图8-4-18(a)　钢桩、隔水套管及附件装船布置图

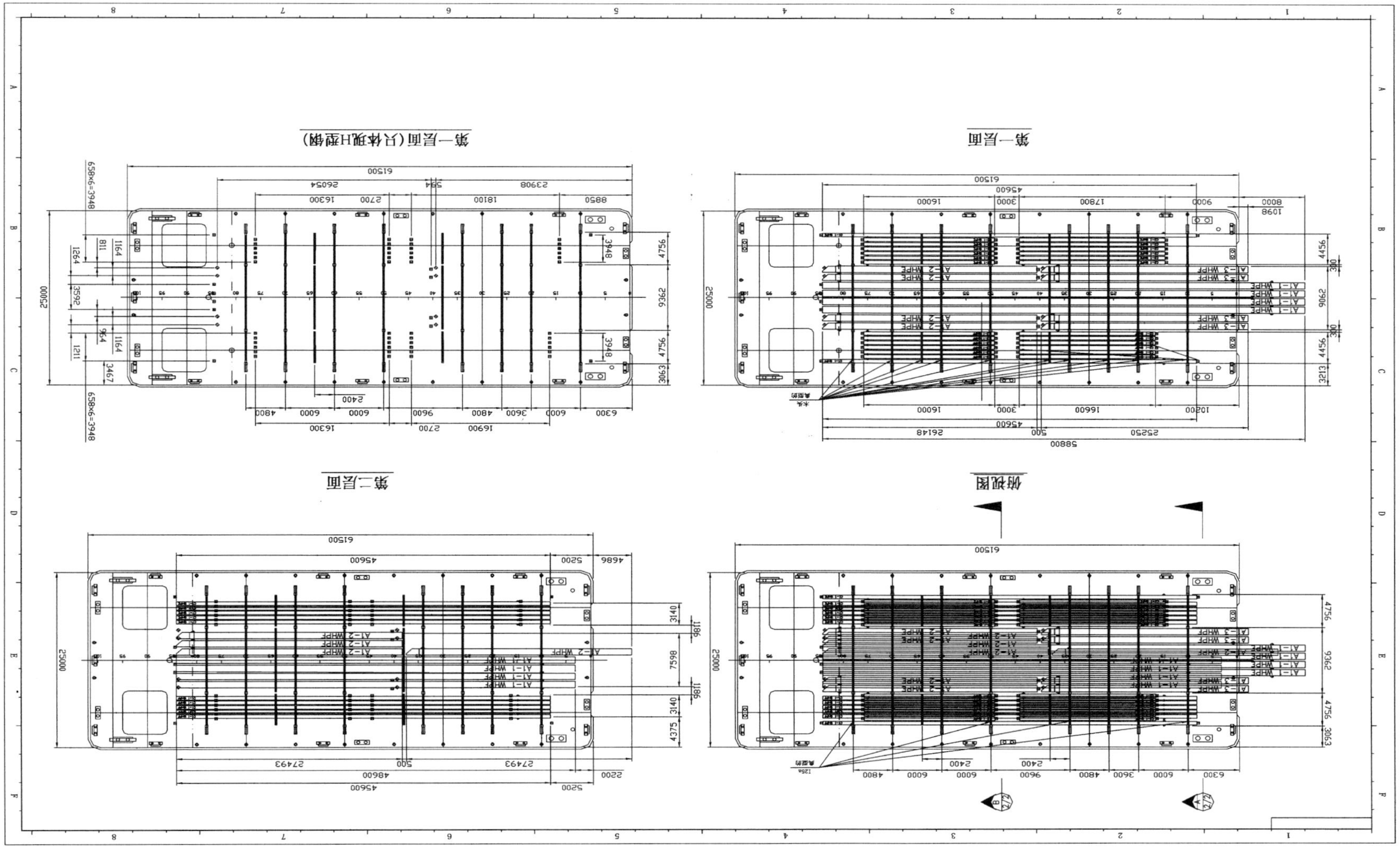

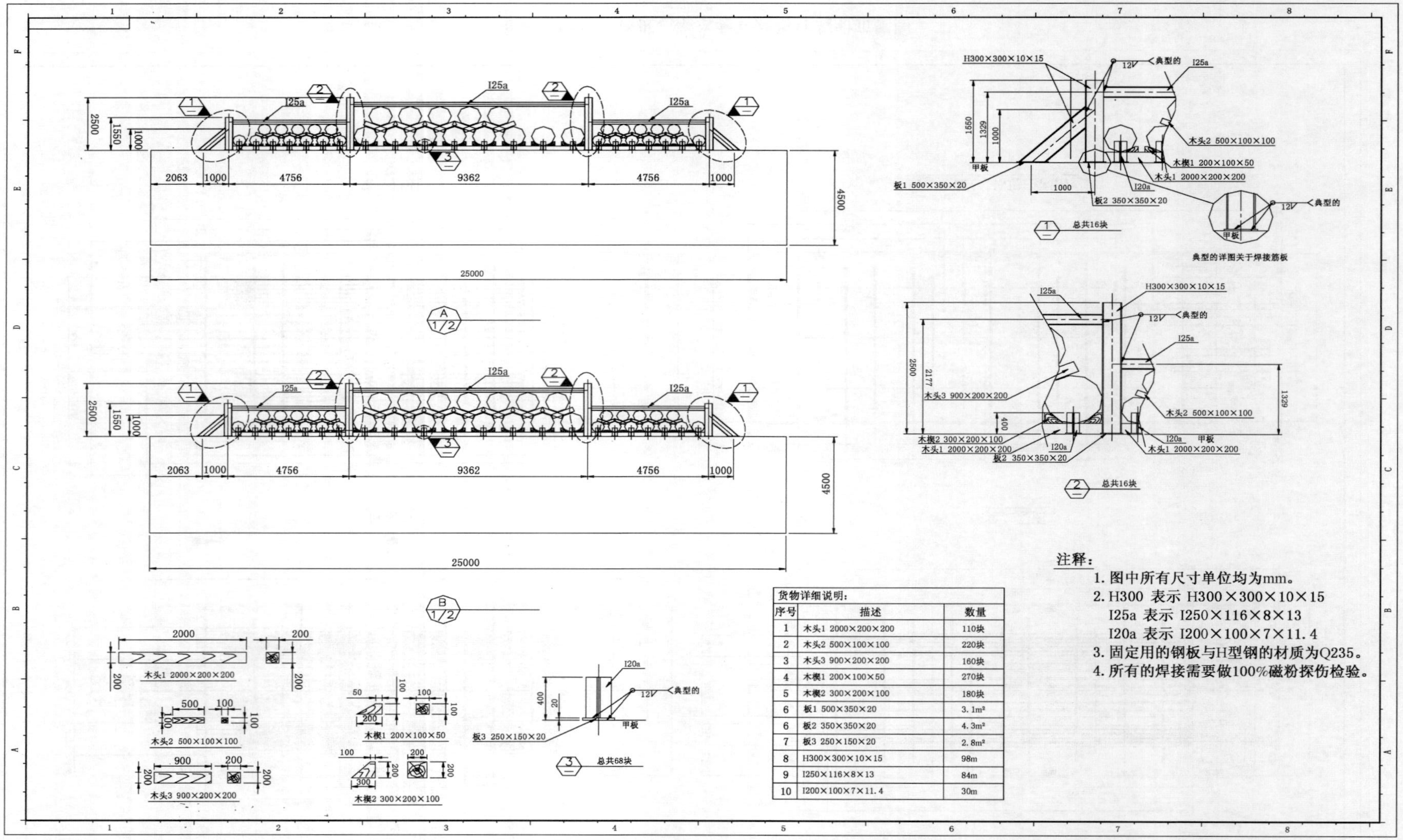

货物详细说明:		
序号	描述	数量
1	木头1 2000×200×200	110块
2	木头2 500×100×100	220块
3	木头3 900×200×200	160块
4	木楔1 200×100×50	270块
5	木楔2 300×200×100	180块
6	板1 500×350×20	3.1m²
6	板2 350×350×20	4.3m²
7	板3 250×150×20	2.8m²
8	H300×300×10×15	98m
9	I250×116×8×13	84m
10	I200×100×7×11.4	30m

注释:

1. 图中所有尺寸单位均为mm。
2. H300 表示 H300×300×10×15
   I25a 表示 I250×116×8×13
   I20a 表示 I200×100×7×11.4
3. 固定用的钢板与H型钢的材质为Q235。
4. 所有的焊接需要做100%磁粉探伤检验。

图8-4-18(b)　钢桩、隔水套管及附件装船布置图

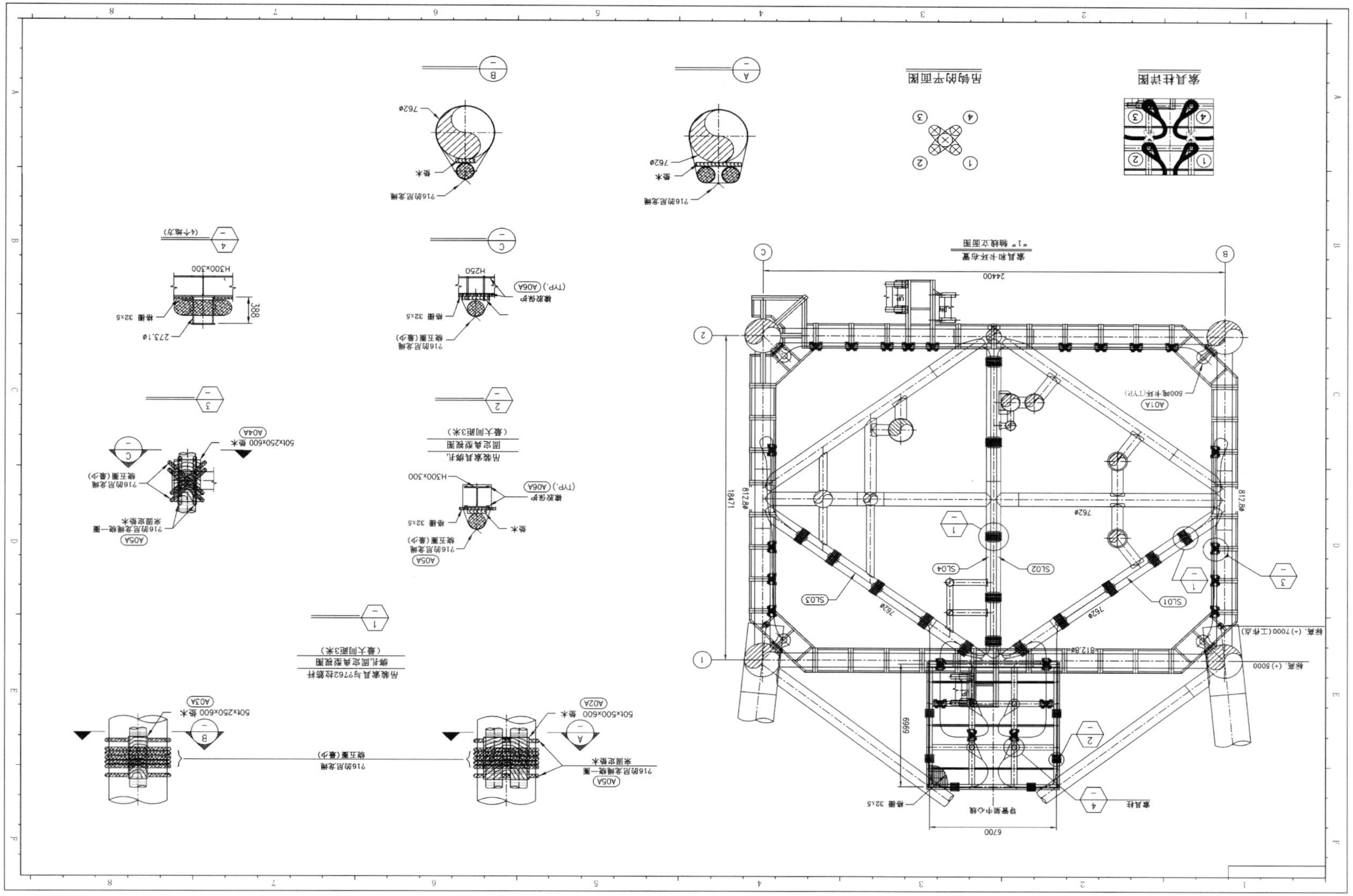

图8-4-19　导管架吊装索具运输绑孔图

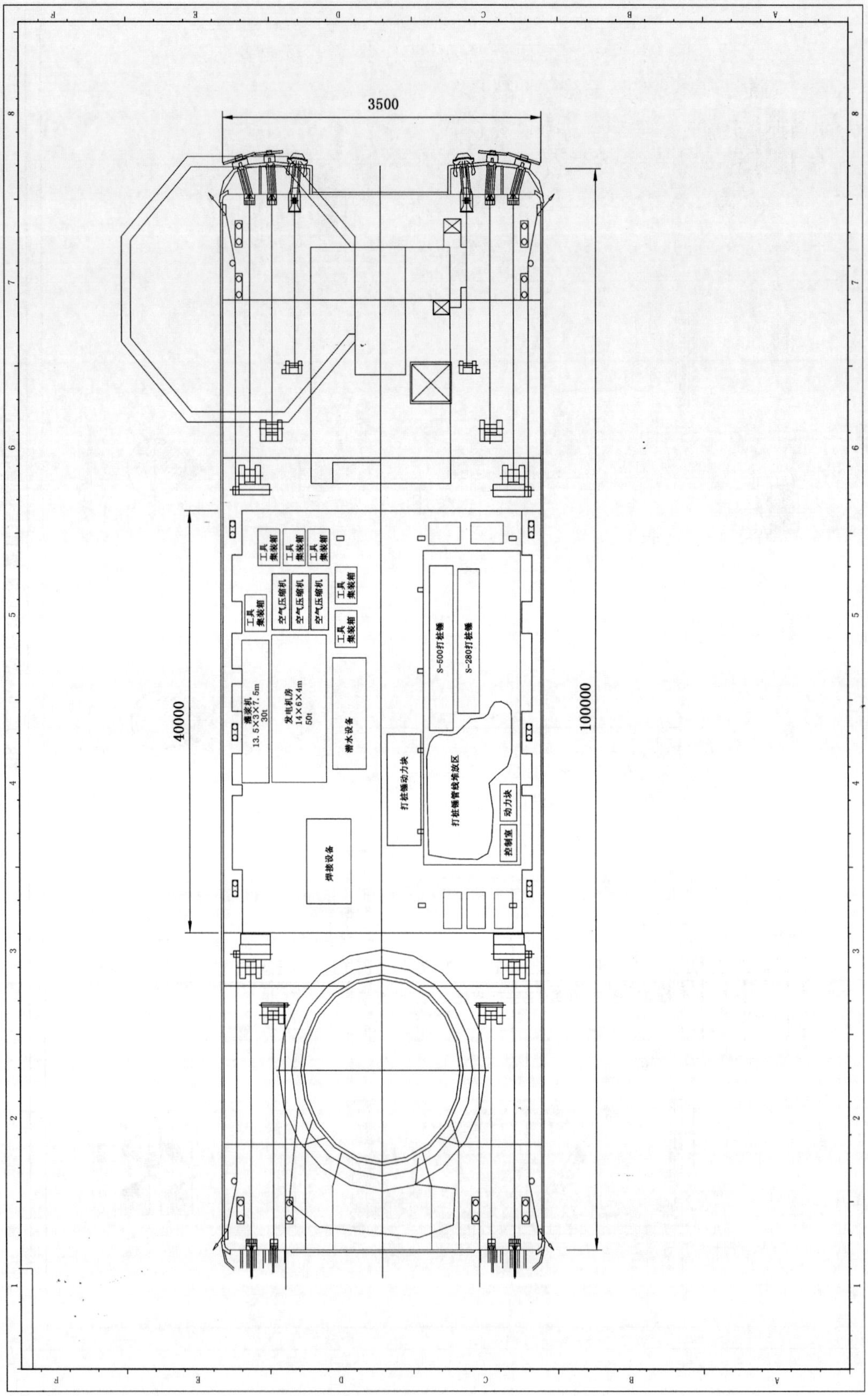

图8-4-20 起重船机具布置图

1. 起重船机具布置图要求能够清楚体现的内容

起重船上所有施工机具的装船位置及装船方向。

2. 起重船机具布置图设计要考虑的内容

(1)起重船上所有施工机具布置要便于现场施工作业,符合安全要求;

(2)装船固定要满足船舶运输稳性计算要求。

十一、海上安装辅助工作平台设计图

参见图 8 –4 –21(a),图 8 –4 –21(b)。

1. 海上安装辅助工作平台设计图要求能够清楚体现的内容

(1)辅助工作平台的结构形式,构件及板材的尺寸;

(2)辅助工作平台的焊接高度及焊接形式。

2. 海上安装辅助工作平台设计图设计要考虑的内容

(1)设计要满足平台单位面积荷载计算的要求;

(2)焊接高度及焊接形式根据焊接结构形式及板材厚度决定。

十二、导管架海上吊装工艺图

参见图 8 –4 –22(a),图 8 –4 –22(b)。

1. 导管架海上吊装工艺图要求能够清楚体现的内容

(1)导管架海上吊装时,船舶就位方向、角度,作业船与驳船之间的距离;

(2)导管架海上吊装时,作业船的起吊跨距、起吊高度;

(3)所起吊导管架的重心位置;

(4)在注释中,应标明导管架重量、导管架起吊所需起吊高度、施工船在设计跨距下的最大起吊重量及起吊高度。

2. 导管架海上吊装工艺图设计要考虑的内容

(1)导管架由驳船起吊时,计算在设计跨距下,起吊高度是否满足驳船干舷、垫墩高度、导管架高度、吊扣高度的要求;

(2)在最大吊高时,要考虑导管架结构与起重船扒杆的净距。

十三、作业船海上系泊图

参见图 8 –4 –23。

1. 作业船海上系泊布置图要求能够清楚体现的内容

(1)作业船海上施工时的就位位置、角度,作业船与驳船之间的距离;

(2)作业船海上施工时抛锚数量、角度及长度,施工船与驳船之间带缆方式及数量。

2. 作业船海上系泊布置图设计要考虑的内容

(1)抛锚长度是否满足船舶就位稳性要求;

(2)抛锚点距离海底管道、电缆等障碍物的最小距离要满足规范要求。

第五节　装 船 程 序

一、吊装装船程序

吊装装船程序应包括以下内容:

(1)设计依据:导管架安装技术规格书,详设图纸和有关规范。

(2)作业条件:码头标高、水深能适合起重船和装载驳船在吊装作业时的吃水,港池作业区满足起重船/驳船抛锚系泊要求。考虑风速和波浪对装船作业的影响。

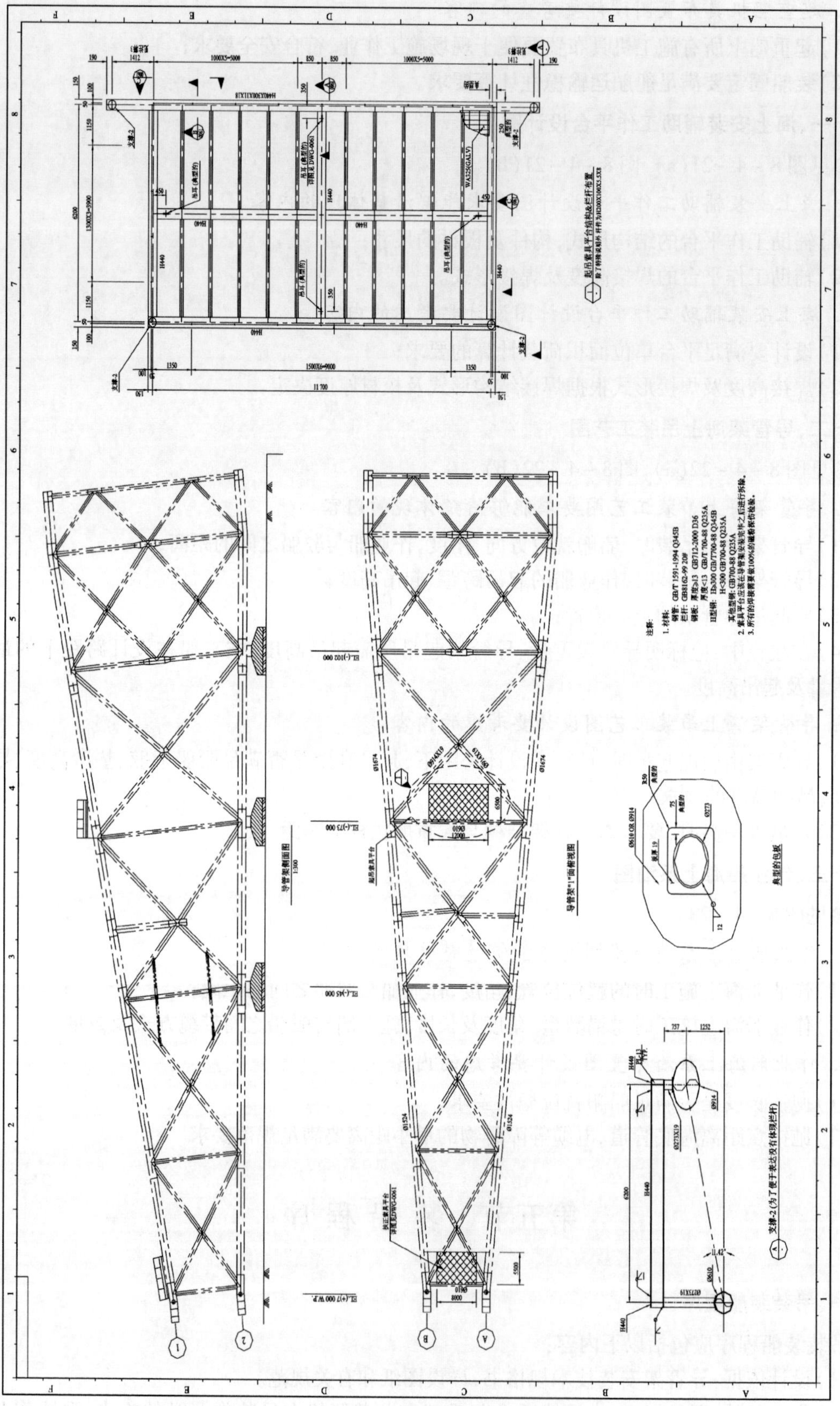

图8-4-21(a) 海上安装辅助工作平台设计图

图8-4-21(b)　海上安装辅助工作平台设计图

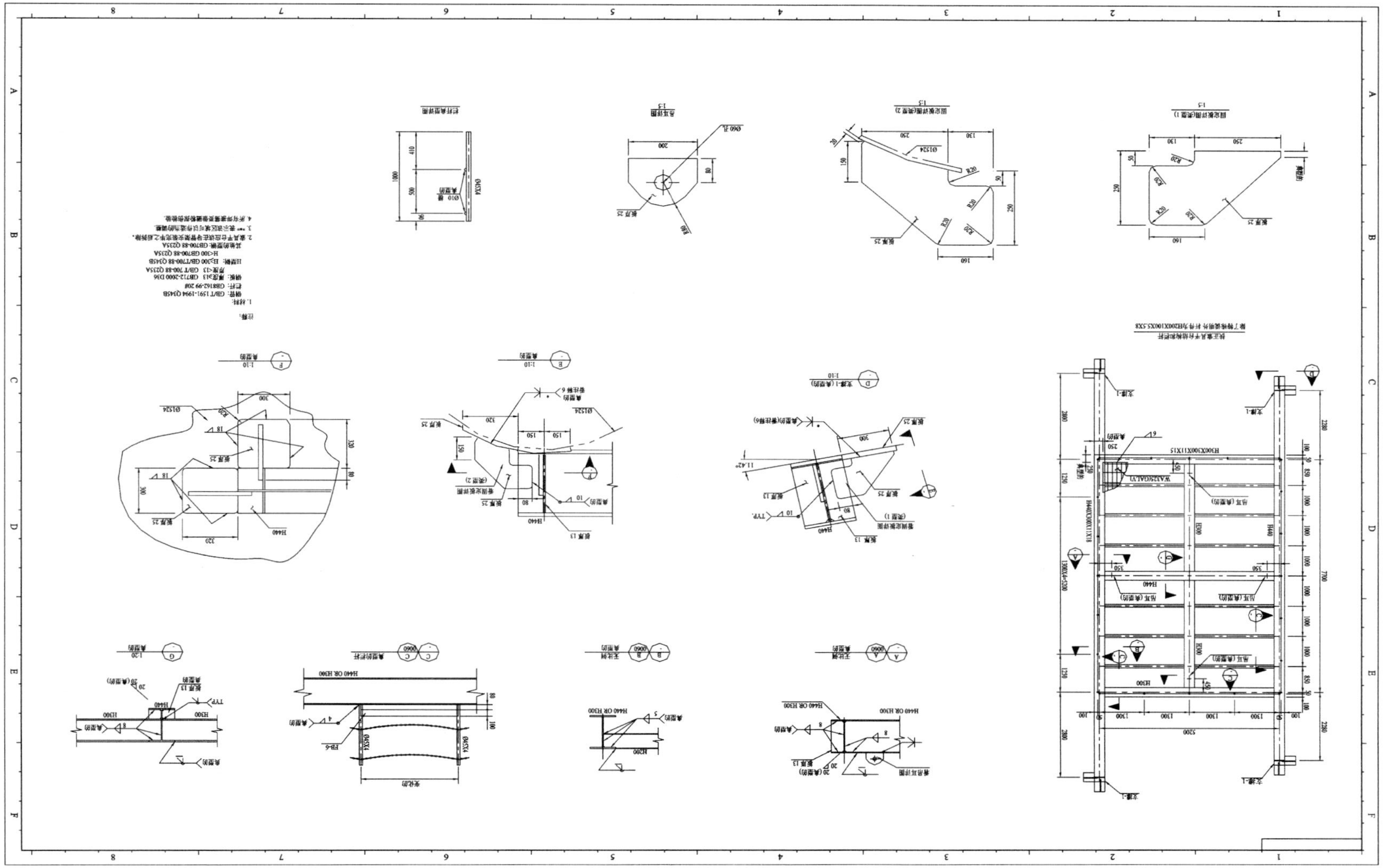

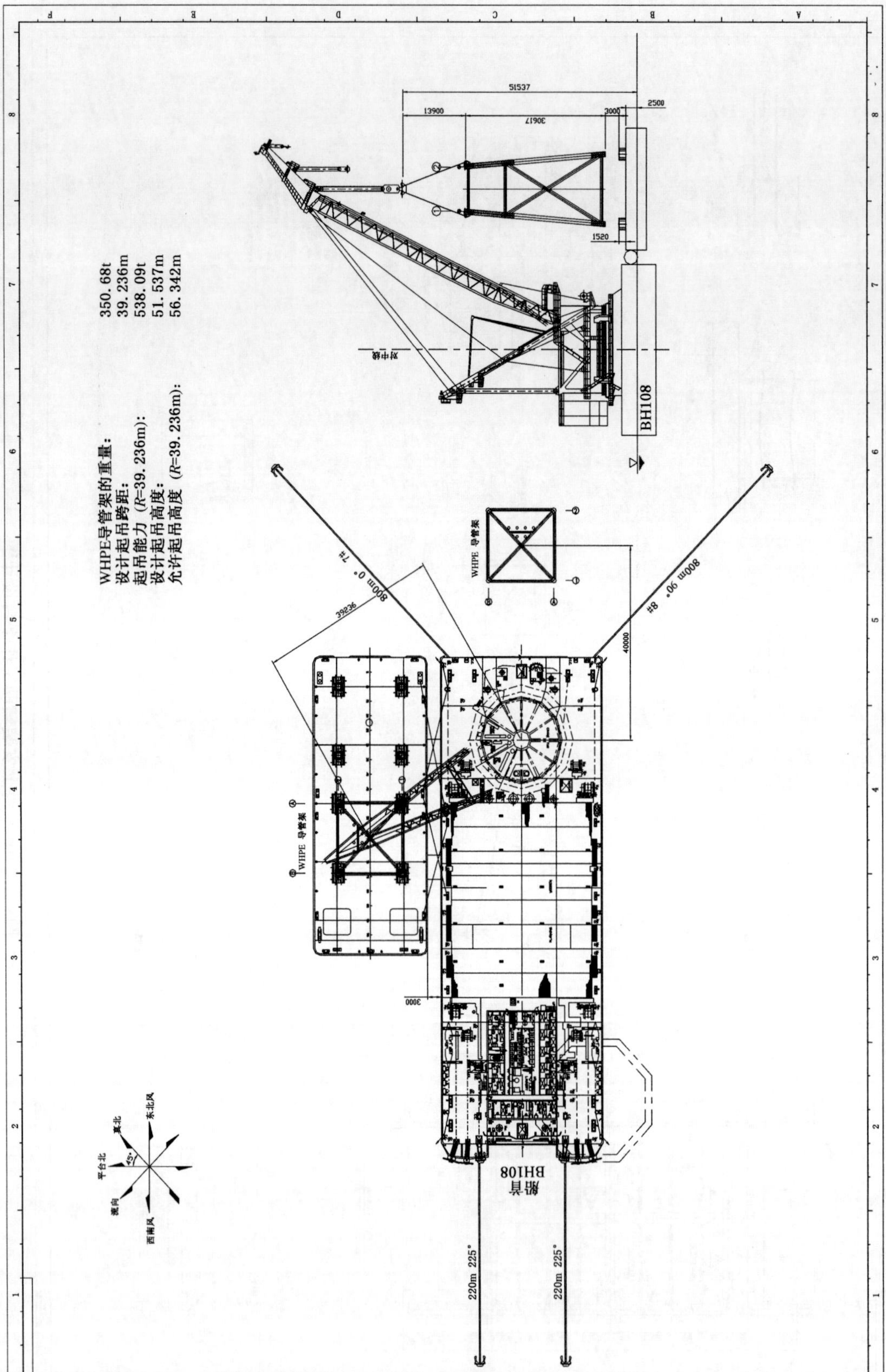

图8-4-22(a)　导管架海上吊装工艺图

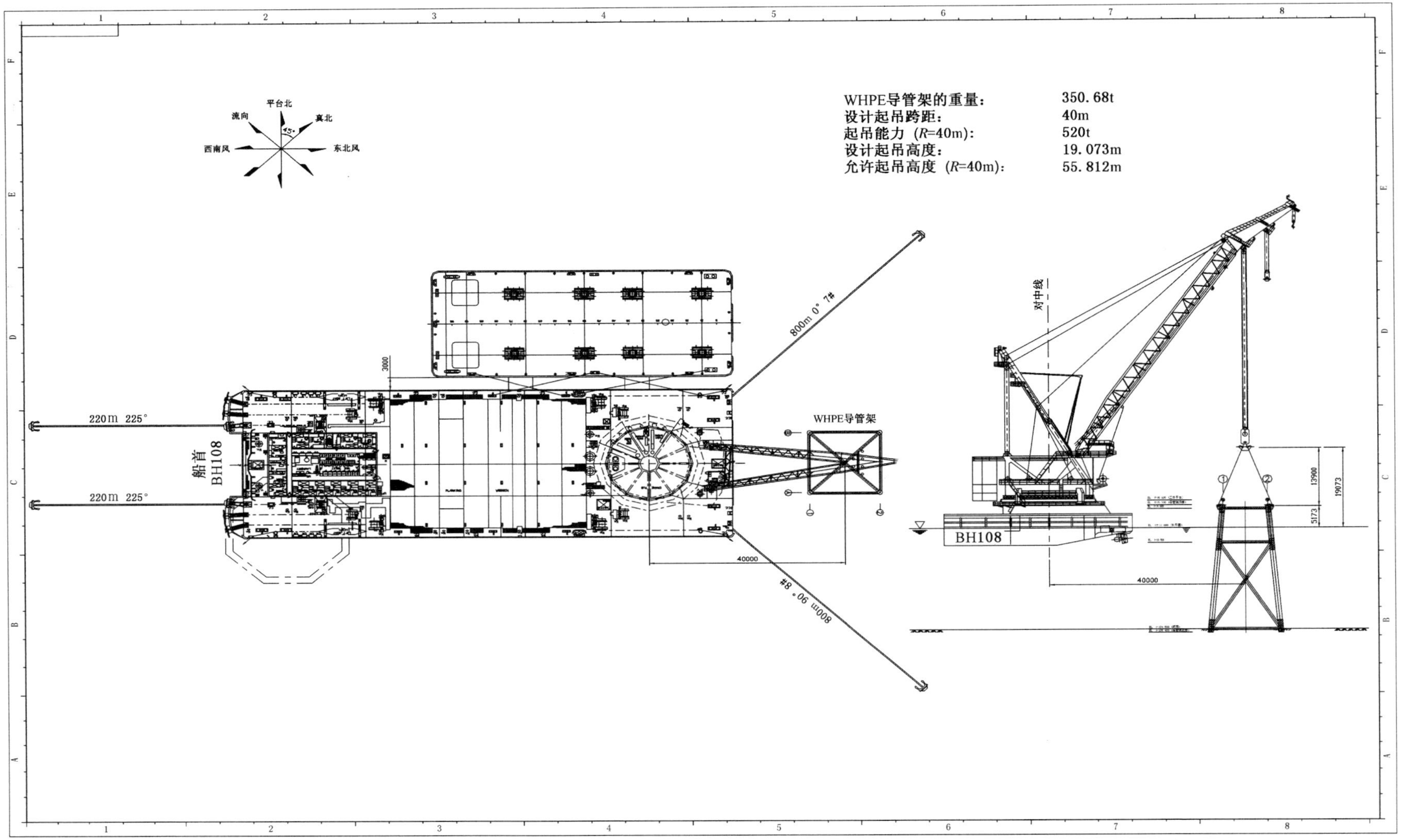

图8-4-22(b)　导管架海上吊装工艺图

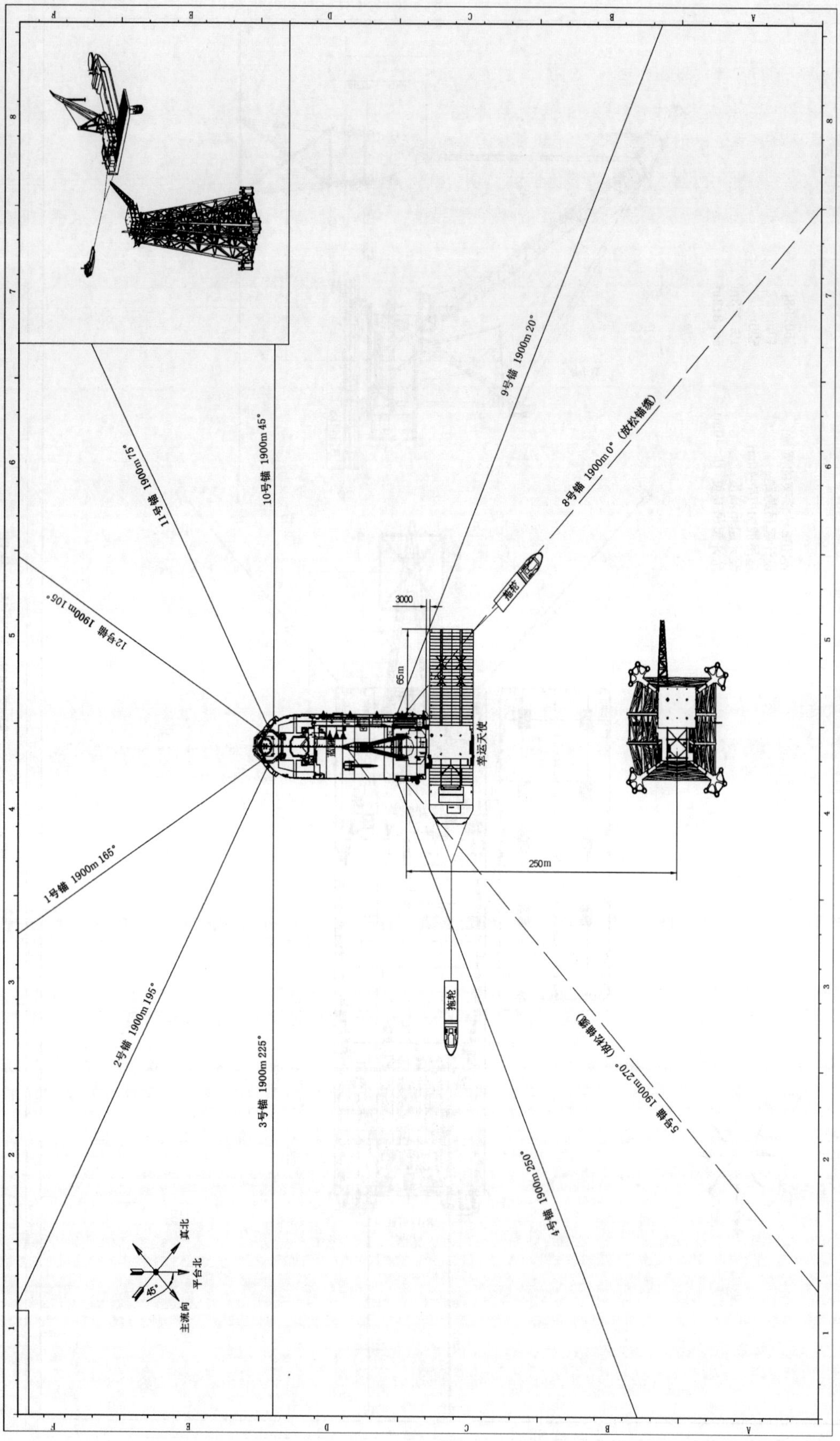

图8-4-23 作业船海上系泊图

(3)起重船:简要描述起重船主要性能。

(4)导管架的基本参数:导管架的长、宽、高,导管架的重量、重心位置以及导管架重心距码头前沿的距离。

(5)导管架吊装装船的工作范围:

① 导管架、钢桩及隔水套管装船用船计划。

② 导管架、钢桩及隔水套管装船用固定材料的采办、运输、就位。

③ 导管架、钢桩及隔水套管装船用索具清单,证书提供。

④ 导管架、钢桩及隔水套管装船布置图。

⑤ 施工设备及附件、材料装船布置图。

⑥ 吊装作业组织机构及实施、安全应急方案。驳船调载要求。

(6)装船作业:

① 桩的装船。

a. 工作流程;b. 驳船在码头就位;c. 桩的组成情况;d. 吊桩的吊扣和卡环的布置。桩的起吊分析,桩的装船及固定。

② 隔水套管的装船。

a. 工作流程;b. 隔水套管的组成情况;c. 吊隔水套管的吊扣和卡环的布置,隔水套管的起吊分析;d. 驳船在码头如何就位;e. 装船及固定。

③ 导管架装船。

a. 工作流程;b. 驳船(起重驳船和货驳)就位;c. 吊扣、卡环的布置;d. 导管架:从码头起吊并放置在驳船上;e. 导管架和垫墩固定、垫墩和驳船的固定;f. 固定后的检验。

(7)附件和设备装船、要画出图来。

二、拖拉滑移装船程序

拖拉滑移装船程序在设计依据、环境条件、导管架的参数以及桩和隔水套管方面都与吊装装船一样,只是所使用的装导管架的驳船要具备足够的调载能力,甲板强度要满足安装滑道拖拉导管架的承载能力。

(1)船舶设备性能和拖拉系统的设备及性能(包括拖轮)。

(2)导管架拖拉滑移装船的工作范围。

① 装导管架驳船甲板上滑道摆放及固定检验。

② 拖拉绞车系统的摆放及固定,设备调试。

③ 导管架滑移装船计划及船舶计划。

④ 钢桩及隔水套管的装船布置及实施。

⑤ 拖拉滑移用船的施工准备和调试。

⑥ 牵引拖缆的连接。

⑦ 导管架拖拉滑移布置及实施。

⑧ 导管架固定和检验。

(3)导管架装船作业。

① 准备工作。a. 驳船上安装滑道设计,船上与陆地滑道对接、设计。b. 拖拉系统的布置。c. 潮汐测量。

② 码头上的准备工作:导管架称重,陆地建造清理,码头滑道摆放,滑道打磨润滑、拖拉索具的连接,导管架拖向码头前沿。

③ 驳船上的准备:驳船压载试验、拖拉系统调试、滑道表面打磨及润滑,应急调载泵就位并调试,拖拉导管架的准备工作。

④ 导管架装船关键点的控制。

a. 调整驳船上的滑道与码头上的滑道对齐,不能有大的偏移。

b. 控制船上的滑道与陆地滑道高度在一定范围内。

⑤ 驳船压、排载和导管架拖拉滑移。

a. 通过计算使导管架的拖拉速度与驳船的排、压载速度相协调。

b. 当拖拉滑移速度与排压载速度不协调时一定要进行调整，使两者保持一致。

⑥ 为了安全有效地实施导管架拖拉装船下列基本过程都应保证实行。

a. 检查驳船的系泊位置与滑道的情况，检查导管架在拖拉时是否滑动自由，滑道是否清洁。

b. 在拖拉之前要确认拖拉系统和压、排载系统工作是否正常。

c. 在拖拉之前要检查拖拉索具的连接和陆地上附助设备，千斤顶的安装以及拖拉索具是否张紧。

d. 慢慢增加两边的拖力，并用千斤顶开始顶推，派专人观察导管架是否开始移动。

e. 当拖动后，继续拖拉向前。

f. 当装导管架的滑靴移到驳船上之前，要确认驳船上滑道与陆地的滑道是否一样高，在一个平面上。

g. 为了防止导管架滑靴超出滑道，两边的绞车应以相同的速度拖拉，如果不同步，必须进行调整，使其慢慢调整到同步。

i. 跟着导管架的拖拉步骤，确认驳船是在合适的状态，导管架拖拉或停止都要根据驳船调载的要求进行。

(4)应急措施。

在导管架拖拉滑移装船过程中万一出现下列情况应有预防措施。

① 恶劣天气出现；

② 绞车故障；

③ 调载泵故障；

④ 驳船产生位置、偏斜。

(5)装船后的工作。

① 导管架的固定工作；

② 驳船拖航前的准备工作；

③ 为拖航进行预压载。

第六节 运输程序

一、介绍

(1)总则；

(2)装导管架驳船；

(3)运输；

(4)拖航计划。

二、驳船数据

(1)装导管架驳船基本性能数据；

(2)拖轮。

三、运输

(1)导管架装船布置及拖轮与驳船连接方法；

(2)稳性分析。

四、装船和航行前的活动

(1)固定检查；

(2)吊装索具检查；

(3)驳船压载；

(4)拖航计算。

五、指导拖轮船长拖航到目的地

(1)准备：

① 通知；

② 拖轮动员；

③ 相关文件准备；

④ 准备情况的审查；

⑤ 决定拖航；

⑥ 出发。

(2)拖向目的地；

(3)通讯系统和计划；

(4)气象预报。

六、应急程序

(1)坏天气；

(2)拖缆破断；

(3)拖轮与驳船失去通讯联系；

(4)锚出故障；

(5)拖航系统(应有备用拖缆,应事先拴系好)。

第七节 安装程序

一、概述

导管架安装程序应描述一个导管架形式、尺度,安装地点、安装地点的环境条件。安装所采用的船舶和设备。根据导管架安装有关的技术规格书和业主指定的规范。

二、安装计划

安装计划至少应包括如下内容：

(1)主作业船的航行；

(2)抛锚就位和现场地貌探摸；

(3)驳船靠主作业船就位；

(4)导管架下水；

(5)插桩；

(6)调平；

(7)打桩；

(8)调平；

(9)安装间隙板；

(10)灌浆；

(11)插隔水套管；

(12)打隔水套管；

(13)隔水套管固定；

(14)安装钻井小平台；

(15)附件安装；

(16)喷砂涂漆；

(17)清洗验收；

(18)返航。

三、海上作业限定条件

根据不同海域和不同的工程作业船而定，不能同一个标准。

四、作业船队应急程序

技安环保部门编有通用的船舶应急程序，每个导管架安装时，应根据导管架安装地点不同，使用船舶不同，施工人员相应改编即可。将不同地区的联络方式和人员更改成稿后，交技安环保部审校，相应人员批准并报批。

五、作业船抛锚就位程序

结合油田现有导管架，海底管道，海底电缆和其障碍物的情况，一般考虑起重作业船的就位方向顺着主流向布置，设计作业船的抛锚位置时，一定要避开已有的障碍物，将作业船的锚位用大地坐标标出，锚缆长度一般在500～800m(BH108)，抛锚拖轮上的定位设备根据准确的锚位进行抛锚，抛锚拖轮将作业船的锚抛下后，不要马上解脱，让主作业船试拉一下锚，确认该锚已抛住时，再解脱。其他船抛锚也应设计锚位，不能随便抛锚，以免损害海底设施。抛锚时还应按对海底设施的保护要求设计锚位。

六、现场海底和水深预调查程序

(1)一般说明：

描述导管架安装地点的海域情况、水深，对导管架安装场地海床进行调查的范围，以确认海床上是否有不规则的地形、碎石、废弃物和其他障碍物，如有应进行海床清理或平整，保证海床条件满足导管架安装要求。

(2)工作范围：

按技术规格书中要求，给出导管架的具体位置坐标(大地坐标或经纬度)，一般以该坐标为中心的一个长、宽各100m的正方形区域，没有其他特殊要求时一般进行区域内潮汐测量、水深测量、旁侧声纳、扫描、浅地层剖面扫描、以准确探侧地形、地貌数据。

(3)施工技术要求：

① 调查依据的技术标准和规范。

海道测量规范；

海洋调查规范；

港口工程技术规范；

海洋工程地形测量规范；

海上平台地形工程地质勘查规范。

② 潮汐测量并预报出导管架安装期间3个月的潮汐数据。

③ 水深测量，一般以5m×5m的网点间距布置水深测点。

④ 旁测声纳测量：合理布线，最低要求调查区域内海床扫描200%覆盖。

⑤ 浅地层剖面测量：给出调查区域内表层沉积土质等厚图。以井口为中心坐标给出十字测线剖面图。

⑥ 如有井口。潜水员水下测量，并给出井口的详细情况(井口直径距平均海平面高度、垂直度、地面水泥浆和其他障碍物情况)。

(4)对施工进度要求。

(5)提供完工报告。

七、导管架的定位程序

一般情况下定位程序应包括以下内容。

(1)工作范围:

给定的导管架安装地点的坐标、方位,业主给的技术规格书中规定的导管架安装允许的误差;通过定位仪器设备指导导管架安装,使导管架安装工作达到技术要求。

(2)定位使用的仪器设备。

(3)定位的原理和方法。

(4)执行计划进度。

(5)提供定位报告。

八、水下长桩安装程序

(1)吊长桩使用的工具(吊桩器);

(2)吊长桩时的起吊步骤(应画出图示);

(3)在插桩时 ROV 随时监控插桩过程;

(4)打桩时要用 2 台 ROV。一台负责监视吊钩与锤的连接情况。一台 ROV 负责桩上的刻度观察,以便做打桩记录;

(5)打完桩后,应用 ROV 操作卡装器,以便用卡装器将桩与套筒连接起来。

九、浅水桩和隔水套管安装程序

1. 工作流程

见图 8-4-24。

2. 桩和隔水套管的起吊布置(安排)

(1)桩和隔水套管的组成情况:直径、长度、分几节组成,每节重量。

(2)桩和隔水套管起吊索具布置,吊索的直径、长度、吊重、破断力安全系数(卡环)。

(3)插桩和接桩的环境条件(因船和海域不同而异)。

3. 打桩顺序

应根据导管架下水后,水平度测量结果而定,通常是先打低处桩后打高处桩。

4. 打桩

(1)合理选择打桩设备;

(2)进行桩的可打入性分析(见分析报告)。

(3)当拒锤时:

① 拒锤定义(一般根据技术规格书中的规定)。

② 拒锤后的补救措施,一般情况下进行吹泥气举法或者钻孔法。

5. 间隙板安装

导管架的桩全部打完后应安间隙板,用千斤顶顶到导管中心位置后,选择合适厚度的间隙板进行安装等灌浆作业完成后。应将间隙板与导管之间的空隙用封板焊上。

(1)接桩和间隙板的焊接应按批准的焊接程序进行。

(2)接桩和安间隙板时,需要搭脚手架应用图表示脚手架的搭建方式、方法。

(3)焊接检验应按批准的无损检验程序进行。

(4)隔水套管的固定应按设计图要求进行。

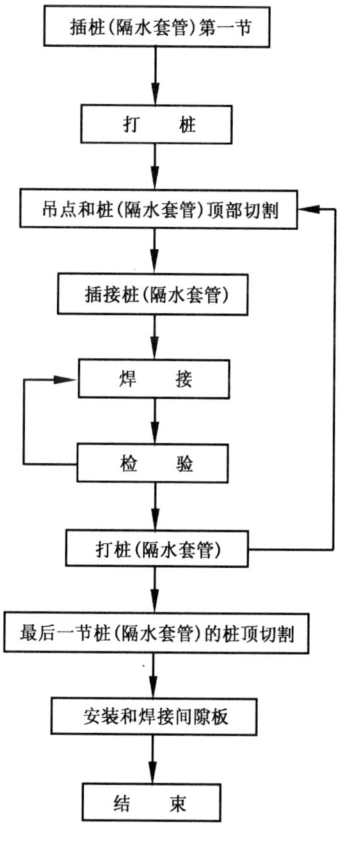

图 8-4-24　工作流程

十、导管架调平程序

导管架下水后，首先要用水平仪进行导管架水平度测量。当导管架的水平度在允许误差范围内时，可直接插桩、打桩、最后进行调平。当导管架的水平度超过允许误差时，在打桩过程中要控制打桩顺序，适当调整。当打完桩后经测量，将低点吊起，使导管架的水平度满足技术规格书的要求，再固定。

十一、导管架灌浆程序

1. 介绍

(1)导管架桩和导管的情况描述，导管直径、桩直径、灌浆长度、灌浆根数。

(2)灌浆系统。

2. 一般资料

(1)灌浆设备证书，使用灌浆材料的质量证书都要报业主。

(2)参考的技术标准和规范。

灌浆图纸，灌浆工作范围的文件资料，灌浆作业人员资质。

(3)灌浆设备试验情况及要求。

3. 灌浆设备

灌浆设备的型号及主要性能。

4. 水泥性能要求和数量

(1)灌浆所用材料型号、标准、水泥、水性能要求。

(2)对水泥运送转移的要求。

(3)计算每根桩的灌浆用量，算出总的水泥用量。

(4)水泥试块取样时间，强度试验，24h、3d、7d、28d 的强度要求。

5. 质量控制要求

(1)材料，水泥出厂日期小于 3 个月不能有结块。

装船前水泥必须有出厂证书交业主批准，在运输过程中要做到密闭干燥。

(2)水泥浆密度测量。

(3)试块制造、养护和试验。

6. 灌浆操作

(1)装船期间要检验封隔器。

(2)导管架安装时，灌浆前要充水检查封隔器是否漏。

(3)先进行灌浆打底(浅水导管架可先加建筑粗砂)。

(4)检查打底是否打住，如打住了就正式灌浆。

(5)灌浆打底没打住时，可再打一次底。

(6)灌浆直到符合要求。

7. 灌浆记录

(1)每个桩腿灌浆真实情况都要有记录。

(2)水泥浆密度。

(3)取水泥浆做试块的时间，块数。

8. 最终报告

(1)灌浆方法和设备。

(2)灌浆时水泥浆的密度。

(3)每根桩的灌浆量。

十二、导管架焊接程序

导管架焊接程序，通常由建造承包商在做了焊接程序试验后编写，该程序包括导管架陆地建造和海上安装。

十三、导管架无损检验程序

导管架无损检验程序由检验承包商根据业主提供的技术规格书和图纸编写。一般包括导管架陆地建造和海上安装。

十四、附件安装和补漆

(1)导管架附件安装:如登船平台、梯子、走道、栏杆、护管要按设计图纸安装。

(2)将临时脚手架全部拆除,对切割部分进行打磨,对暴露的金属部分、焊缝区等进行认真除锈后,再进行涂装。局部碰坏漆的地方,进行除锈后,进行补漆。

第八节　完 工 报 告

一、导管架最终定位报告

应具有相应资质证书的定位承包商才能承担导管架安装定位任务,导管架安装定位应包括如下内容:

(1)根据业主或技术规格书的要求,由具有资质的人员编制“导管架定位和导航操作程序”。

(2)现场操作必须是具有相应资质的定位工程师和大地测量工程师。

(3)导管架安装最终定位报告的内容:

① 给出导管架设计要求的坐标和方位。

② 给出导管架最终定位结果的坐标和方位。

③ 给出导管架最终定位结果是否满足设计要求的结论。

④ 甲乙双方以及第三方的签字确认。

(4)导管架最终定位报告样本见表 8 -4 -7。

表 8 -4 -7　导管架安装定位报告

<table>
<tr><td colspan="4">1. 设计要求
导管架中心井口位置:</td></tr>
<tr><td>北纬:</td><td></td><td>X:</td><td></td></tr>
<tr><td>东经:</td><td></td><td>Y:</td><td></td></tr>
<tr><td>导管架方位:</td><td colspan="3"></td></tr>
<tr><td colspan="4">2. 定位结果
导管架中心井口复侧位置</td></tr>
<tr><td>北纬:</td><td></td><td>X:</td><td></td></tr>
<tr><td>东经:</td><td></td><td>Y:</td><td></td></tr>
<tr><td>导管架方位:</td><td colspan="3"></td></tr>
<tr><td colspan="4">3. 误差</td></tr>
<tr><td>距离误差:</td><td colspan="3"></td></tr>
<tr><td>方位误差:</td><td colspan="3"></td></tr>
<tr><td colspan="4">4. 结论</td></tr>
<tr><td>项目经理:</td><td></td><td>定位代表:</td><td></td></tr>
<tr><td>日期:</td><td></td><td>日期:</td><td></td></tr>
</table>

二、导管架最终水平度测量报告

导管架安装水平度测量是由具有相应测量资质证书的承包商承担,通常是由负责导管架安装检验的检验人员承担。

(1)现场测量人员应具有相应的资质证书。

(2)导管架下水就位后插桩、打桩，期间要进行多次水平度测量，根据业主或技术规格书的要求进行导管架调平。

(3)导管架经过调平就位后要求进行最终的水平度测量，导管架安装最终水平度测量报告的内容：

① 给出导管架设计要求的误差。

② 给出导管架各测点的相对标高。

③ 甲、乙双方以及第三方的签字确认。

(4)导管架安装水平度测量报告见表 8－4－8。

表 8－4－8　导管架最终水平度测量报告

项目名称：		结构名称：	
图纸号：			

草图：

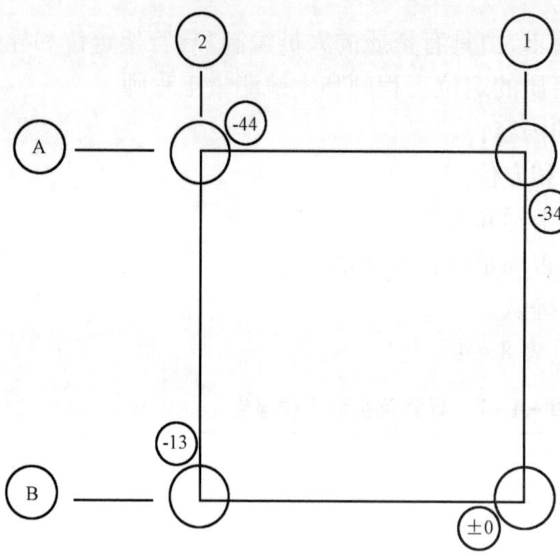

单位：毫米

位置	理论尺寸	测量尺寸	误差	公差

施工代表	业主代表	测量人员	第三方代表
签字：			
日期：			

三、导管架最终标高测量报告

导管架安装后标高的测量是由具有相应测量资质证书的承包商承担，通常使用重物块或者回音测深仪进行测量。

(1)现场测量人员应具有相应的资质证书。

(2)导管架下水就位调平稳定后，方可进行导管架标高测量。导管架标高测量应根据业主或技术规格书的要求进行。

(3)导管架标高测量，标高起算为平均海水面。

(4)导管架标高测量的观测时间至少36h，每2h观测一次，取加权平均值作为导管架最终的测量标高。

(5)导管架最终的测量标高应满足设计要求。

(6)导管架最终标高测量报告应有业主签字确认。

四、阴极保护测量报告

导管架在海上安装就位后，根据合同及合同附件的要求进行阴极保护电位测量。通常是由有相应资格的公司和持有相关资质证书的人员进行电位测量。电位测量主要是指检查导管架整体保护的电位是否达到保护范围而言的，通常导管架阴极保护都是采用牺牲阳极的阴级保护方法，测量采用Ag/AgCl电极测量，保护电位在 -0.8V 至 -1.05V 之间。通常在导管架海上安装就位后一个月左右进行电极测量。

电位测量报告的内容通常包括：

(1)项目名称；

(2)测量类型；

(3)测量点的选定；

(4)采用的标准；

(5)测量结果的报告；

(6)检验员签字；

(7)承包商、业主、第三方共同签字确认。

五、钢桩和隔水套管打入报告

钢桩和隔水套管打入后，需要提供打钢桩和打隔水套管的完工报告，打钢桩和隔水套管的完工报告通常是由负责打桩的单位提供，报告的格式要求统一，报告的内容应包括如下：

(1)油田和导管架名称；

(2)钢桩和隔水套管的标识；

(3)使用的打桩锤；

(4)贯入深度、锤击数和累计锤击数；

(5)满足业主和技术规格书的其他要求；

(6)甲、乙双方的签字确认。

六、导管架焊接与检验报告

导管架在海上就位、打桩、调平、安装间隙板等过程中，需要进行焊接和检验，通常是由有相应资格的公司和持有相应资质证书的人员进行焊接和检验。承包商根据合同及合同附件的要求编制焊接和检验程序，待业主和第三方批准后执行。

焊接和检验报告应满足合同及合同附件的要求，检验报告的内容通常包括：

喷砂检验报告、涂漆检验报告、外观检验报告、超声波探伤检验报告、磁粉检验报告等。检验报告的格式都有各自的标准格式。以上报告的内容通常包括：

(1)项目名称；

(2)检验类型；

(3)材质;
(4)检验部位;
(5)采用标准;
(6)检验结果的报告及结论;
(7)检验员签字;
(8)承包商、业主、第三方共同签字确认。

七、现场确定的相关变更报告

承包商是根据业主的合同及合同附件的要求进行导管架海上安装的,超出合同及合同附件以外的内容,都称为变更。施工现场发生变更时,承包商的现场施工经理应该及时填写变更确认单,由业主确认,变更确认单的内容包括:

(1)项目名称;
(2)变更的原因;
(3)变更的主要内容及工作量的描述;
(4)投入的主要设备、消耗材料及其他资源;
(5)变更的总计费用(如有可能的话);
(6)业主、承包商(现场施工经理)双方签字确认。

八、导管架入级合格证书

导管架海上安装,必须由具有资质证书的检验人员检验,满足业主或技术规格书的要求,并得到第三方的确认后,向业主提供一套完整的报告(导管架最终定位报告、导管架最终标高测量报告、导管架最终水平度测量报告、业主确认的现场完工报告等)及相关的资料。由业主向有资格签发导管架入级证书的机构提出申请获取导管架入级合格证书。

九、业主确认的现场完工书及遗留项目

承包商应按照合同和技术规格书的要求进行导管架安装,在完成导管架海上吊装就位、打桩、调平、安装间隙板、灌浆、安装隔水套管、安装钻井小平台及其他附件等一系列工作后,应向业主提供"完工报告"待业主确认,完工报告内容包括:

(1)业主名称、承包商名称、工程名称、合同号;
(2)完工报告的描述;
(3)业主、承包商双方签字确认。

在导管架完工确认中,根据合同在合同要求范围内的工作内容如有遗留,业主列出双方认可的具体遗留内容,承包商应该做出相应的承诺。

第五章　组块安装设计

第一节　安装方法

一、装船方法

目前常用的组块装船方法有两种：一种方法是起重船吊装装船，另一种方法是拖拉滑移装船。

一般情况下，导管架在陆地建造前就要根据组块的尺度、重量、重心位置、起重船的技术性能和装组块的驳船的性能，决定组块的装船方法。

1. 吊装装船

吊装装船是指组块在陆地场地建造完成后，用起重船从场地码头吊起组块，然后放在运输驳船的垫墩上的过程。

2. 拖拉滑移装船

拖拉滑移装船是指将放在滑道上建造完工的组块，用一个能调载的驳船，驳船甲板上放有与陆地滑道相对立的滑道，满足组块上船时陆地滑道与船上滑道随时保持一致的高度，用绞车拉动滑靴上的拖点，滑靴在滑道上滑移，慢慢将组块拖拉到驳船上设计的定点位置的过程。组块就位后将组块与滑道、甲板进行固定。

二、海上安装方法

根据组块的尺度、重量、起重船的技术性能及装组块驳船的性能决定组块海上安装方法。目前组块的安装方法有两种：一种方法是用起重船吊装安装。另一种是用浮托式（Floatover）安装。

一般情况下，根据组块的重量、起重船的技术性能及装组块驳船的性能决定组块海上安装方法。

1. 吊装安装方法

根据组块的尺度、重量加上吊装索具的总高度，考虑导管架顶部的高度这些综合因素及起重船的技术性能要求满足组块海上安装的需要。采用起重船吊装安装。

2. 浮托式安装方法（Floatover）

浮托式安装方法是组块与导管架一起作为整体设计，组块安装前要事先在导管架上安装桩腿配合装置（Leg Mating Units）。组块在陆地建造时就事先坐在载荷支撑框架上，载荷支撑框架坐在滑靴上。

浮托式安装是用一个事先在两舷安装了防碰撞设施（Fendering System）的能调载的重型驳船装载组块。用几条三用拖轮和预先安装的系泊系统与驳船的船头和船尾的系泊绞车交叉连接起来，以便控制装有组块的驳船进入到导管架的内部。

通过驳船上绞车拴系在导管架上的缆绳来调整驳船的位置，使组块的腿与导管架上的腿的配合装置对齐实施载荷转移，将组块落到腿配合装置（Leg Mating Units）上，然后对驳船进行压载，当驳船压载到设计的吃水时，用绞车和拖轮将驳船退出导管架。当组块载荷完全转移到导管架后，对组块与腿的配合装置处进行焊接，焊接后进行无损检验，合格后组块安装工作就完成了。

第二节　船舶和机具

一、海上作业船舶

根据组块安装所在海域的环境条件，组块的重量、尺度和起重船的主要技术性能，能适应该海域的环境条件，并能在一定的跨距下满足组块吊重、吊高的要求，据此选择所用起重驳船。

二、运输驳船

组块所装驳船的选择与组块的装船方式有关。

(1)吊装装船时装组块的驳船的选择要考虑驳船的甲板面积、排水量、吃水等能适应组块安装海域的要求，甲板面积能便于组块的装船布置，甲板强度能满足装载组块不需要对船体做加强处理，各种证书满足该海域的航行要求，证书齐全有效。

(2)拖拉滑移装船时驳船的选择除具备吊装装船的技术性能外，应有足够的压、排载能力的泵，便于拖拉滑移装船时驳船进行调载。

三、辅助作业船

1. 拖轮

各种型号的拖轮都应有适合组块安装海域作业的适航证书，所有证书都应齐全有效。为主作业船配备的拖轮应是有足够马力的三用工作拖轮，系柱桩拉力要满足拖带作业要求、拖主作业船航行速度应达到6～8节。给装组块的驳船配套的拖轮，它的拖力能使驳船的拖行速度达到6～8节。

2. 供应及交通船

这些船也应能具备到组块安装海域工作的性能，能满足运送施工所需材料、油水和接送施工人员的要求，运送人员的船应有足够的救生设备。

四、专用作业机具

有的组块上装有修机井、吊机、而又需要整体吊装，为了不损坏组块上的设备时，需要专门设计一个吊装框架(撑杆)，根据组块的重量、尺度、设计的撑杆要有足够的强度。

第三节　计 算 分 析

组块的计算分析包括：

(1)组块结构吊装分析；

(2)组块滑移装船调载计算和装船结构强度分析；

(3)驳船运输稳性分析；

(4)组块结构运输强度分析；

(5)吊装索具设计；

(6)吊耳强度校核。

组块的吊装分析主要是对组块结构及其附属结构在吊装过程中的强度进行计算分析，检验其是否满足规范要求。对于没有作特殊要求的项目，规范一般采用API(RP 2A－WSD)。采用结构分析软件进行组块的吊装分析。组块的主结构主要是由钢管、工字钢和钢板等组成。这些钢管和工字钢在计算机模型中都被视为杆单元,每一杆件之间被视为用刚节点连接。采用SACS软件建立组块的模型。在吊装分析中,只需要对组块的主结构进行模拟,主结构包括组块的腿和每一层的结构。索具只模拟吊绳,并且模拟为杆件。其他的结构,如组块井口周围的具体结构、吊耳、走道、栏杆、房间等具体的附属结构,可以不作为计算模型的一部分进行模拟,而是作为加在组块上的荷载进行模拟。

详见第四章第三节相关内容。

第四节　图　　纸

一、组块装船布置图

参见图8－5－1(a)、8－5－1(b)。

1. 组块装船布置图要求能够清楚体现的内容

(1)组块及垫墩放在驳船上的装船位置及装船方向;

(2)组块的装船固定形式,包括组块与船、垫墩,垫墩与船的固定形式;

(3)全部装船固定构件必须标明杆件或板材尺寸,固定位置及固定方式,焊接高度及焊接形式;

(4)在注释中,应标明装船固定杆件的材质情况,焊接检验要求及其他特殊要求。

2. 组块装船布置图设计要考虑的内容

(1)设计组块的装船位置及装船方向,要满足船体强度计算、船舶运输稳性计算及运输分析计算的要求,并且综合考虑组块在场地的建造方向、码头装船时的船舶就位方向及海上施工就位时的船舶就位方向;

(2)组块的装船固定形式,要满足装船固定校核计算的要求,选取合适的钢材及材质;

(3)焊接高度及焊接形式根据焊接结构形式及板材厚度决定。

二、组块码头吊装流程图

参见图8－5－2(a)、8－5－2(b)。

1. 组块码头吊装流程图要求能够清楚体现的内容

(1)组块码头吊装时,组块距离码头前沿距离;

(2)组块码头吊装时,作业船与码头、作业船与驳船之间的距离;

(3)组块码头吊装时,作业船的起吊跨距、起吊高度;

(4)在注释中,应标明组块重量、组块起吊所需起吊高度、施工船在设计跨距下的最大起吊重量及起吊高度。

2. 组块码头吊装流程图设计要考虑的内容

(1)组块码头起吊时,计算在设计跨距下,起吊高度是否满足码头标高、滑道与滑靴高度、组块高度、吊扣高度的要求;

(2)组块下放至驳船时,计算在设计跨距下,起吊高度是否满足驳船干舷、垫墩高度、组块高度、吊扣高度的要求。

三、组块垫墩设计图

参见图8－5－3。

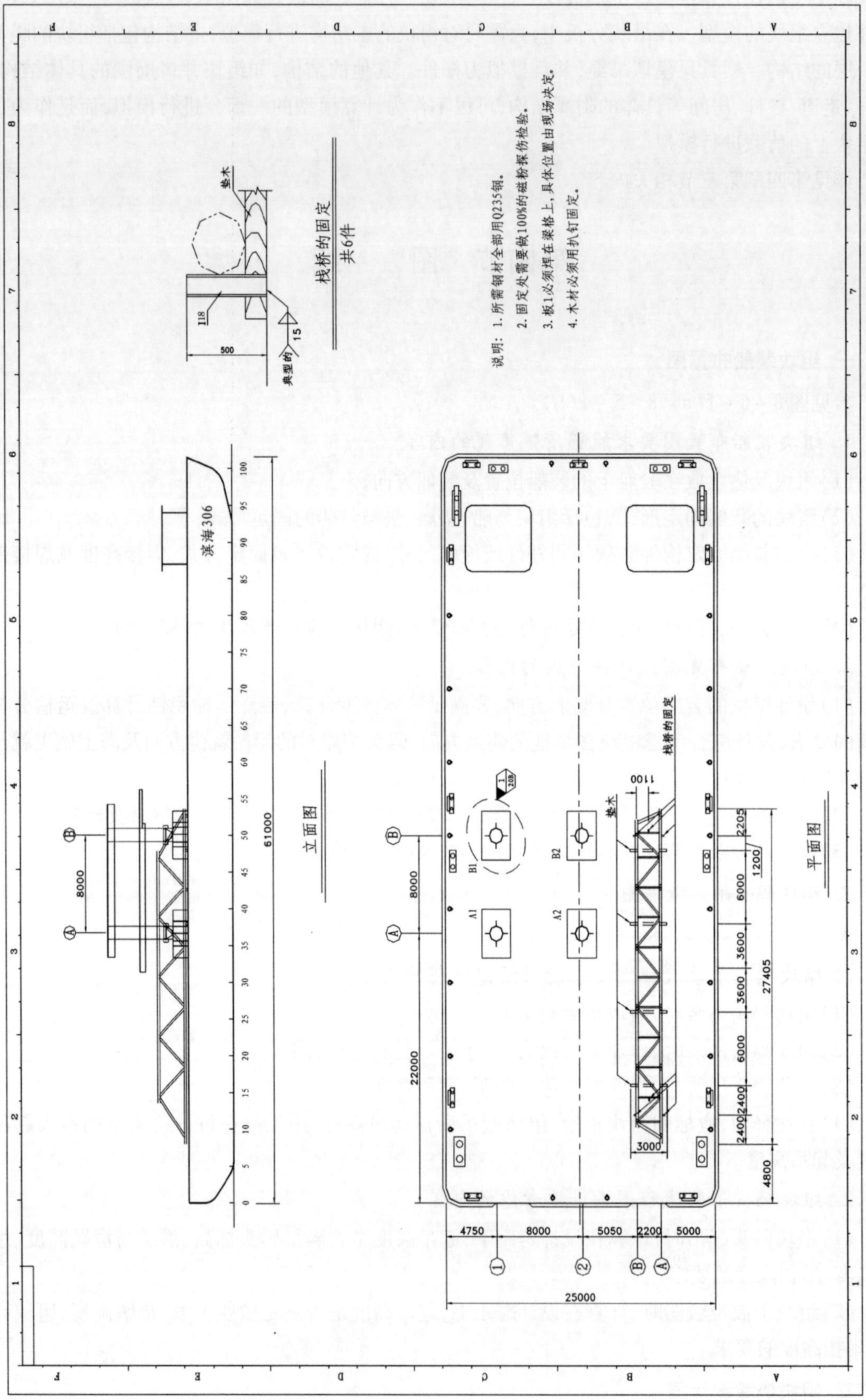

图8-5-1(a) 组块装船布置图

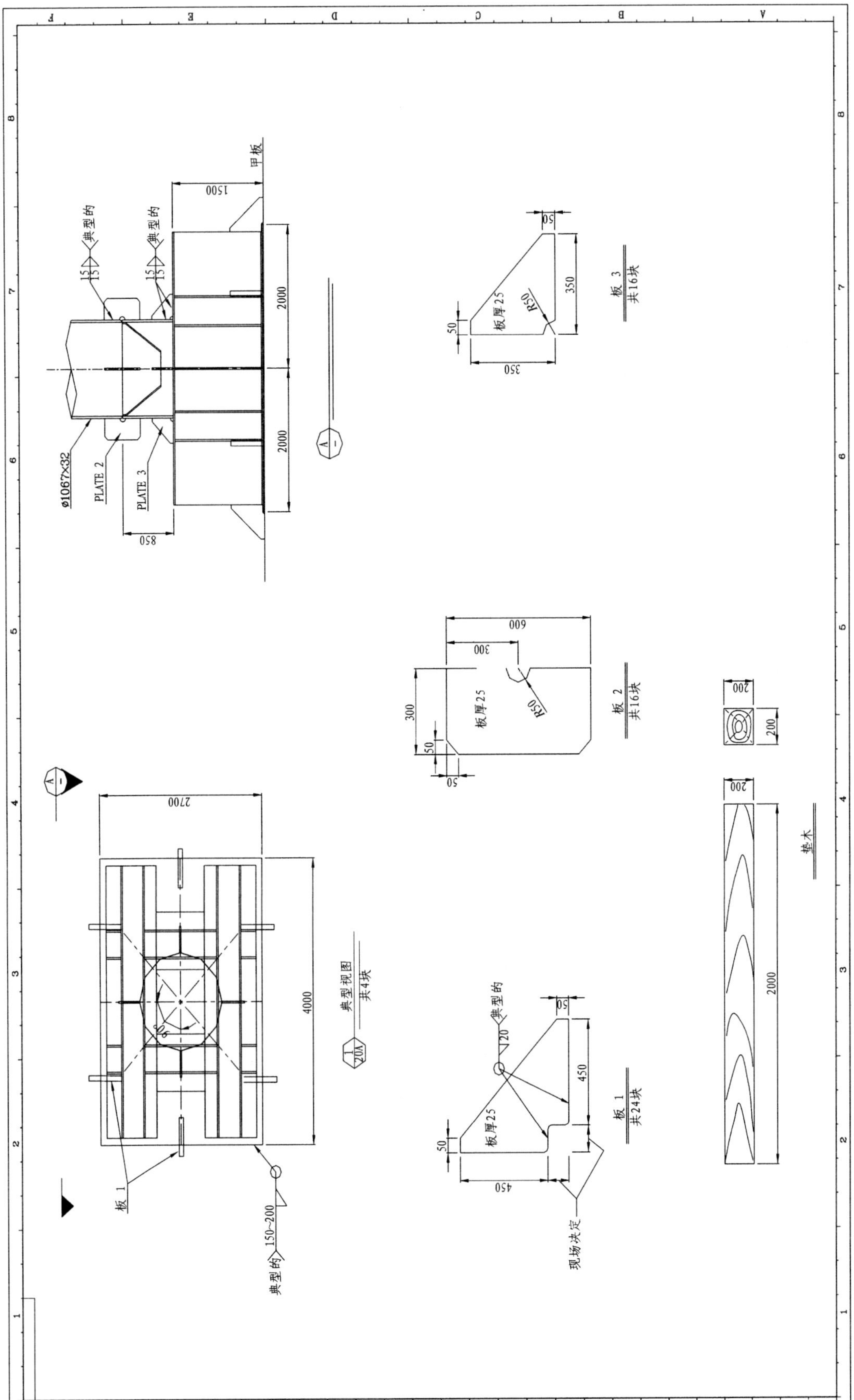

图8-5-1(b) 组块装船布置图

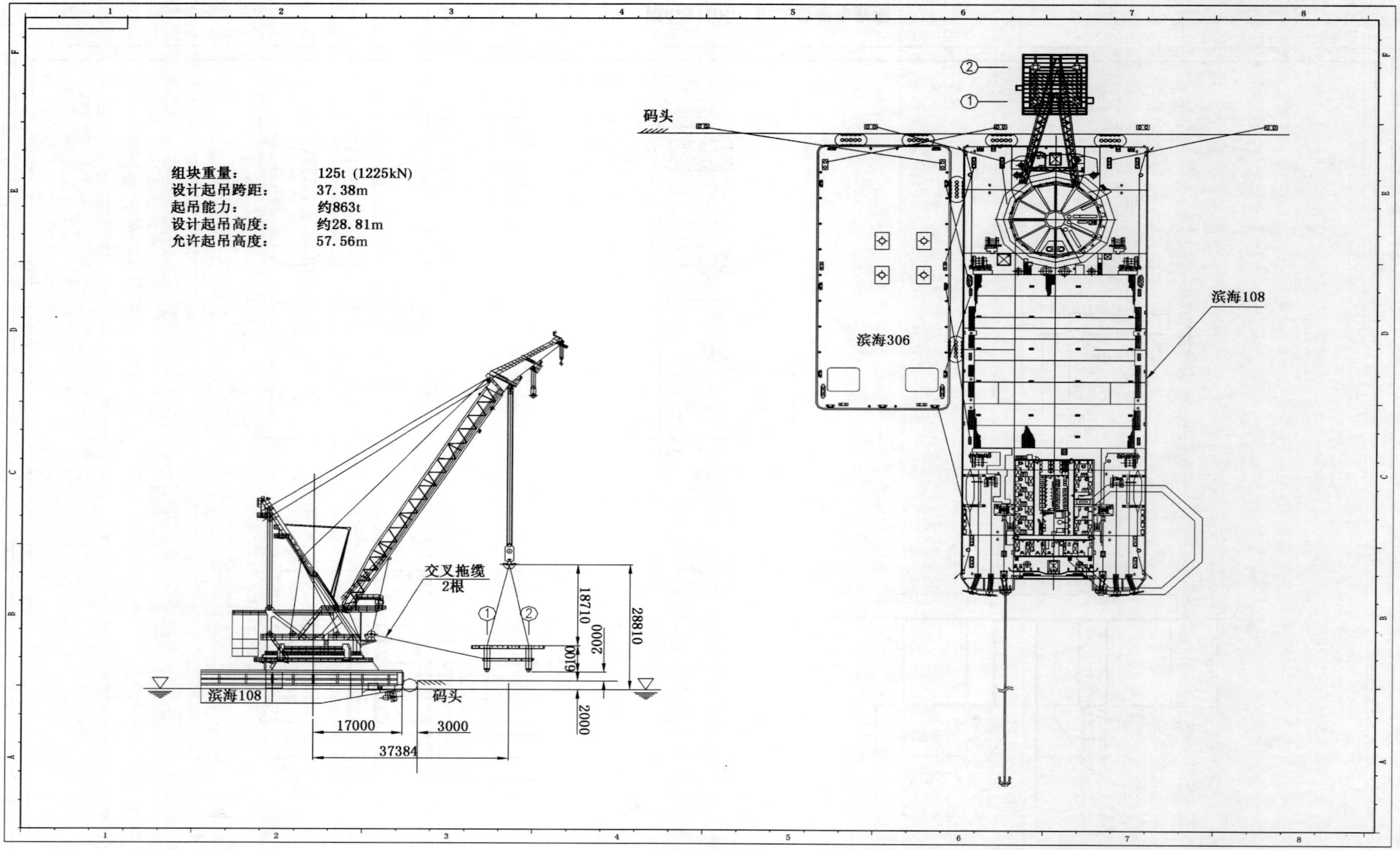

图8-5-2(a) 组块码头吊装流程图

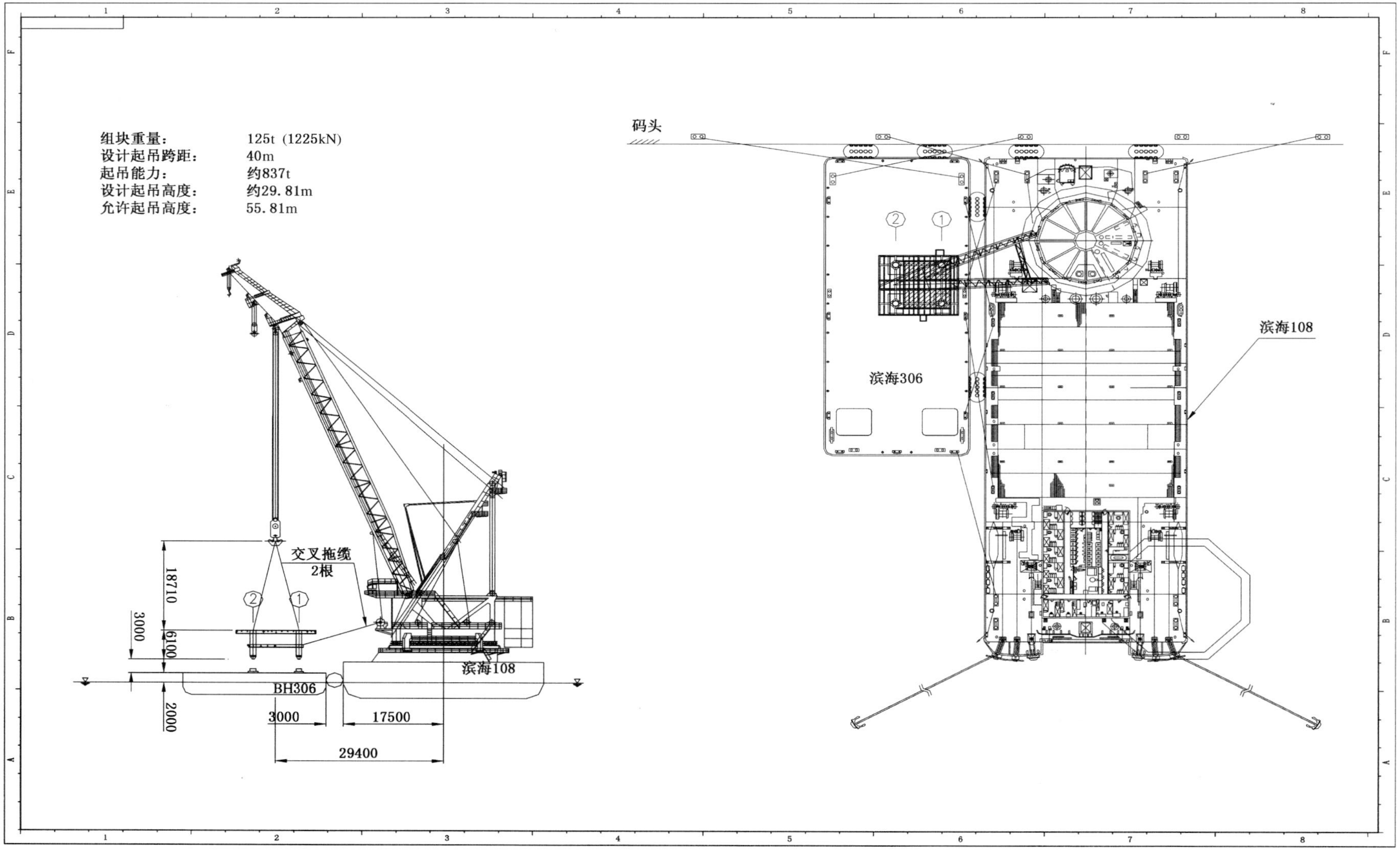

图8-5-2(b) 组块码头吊装流程图

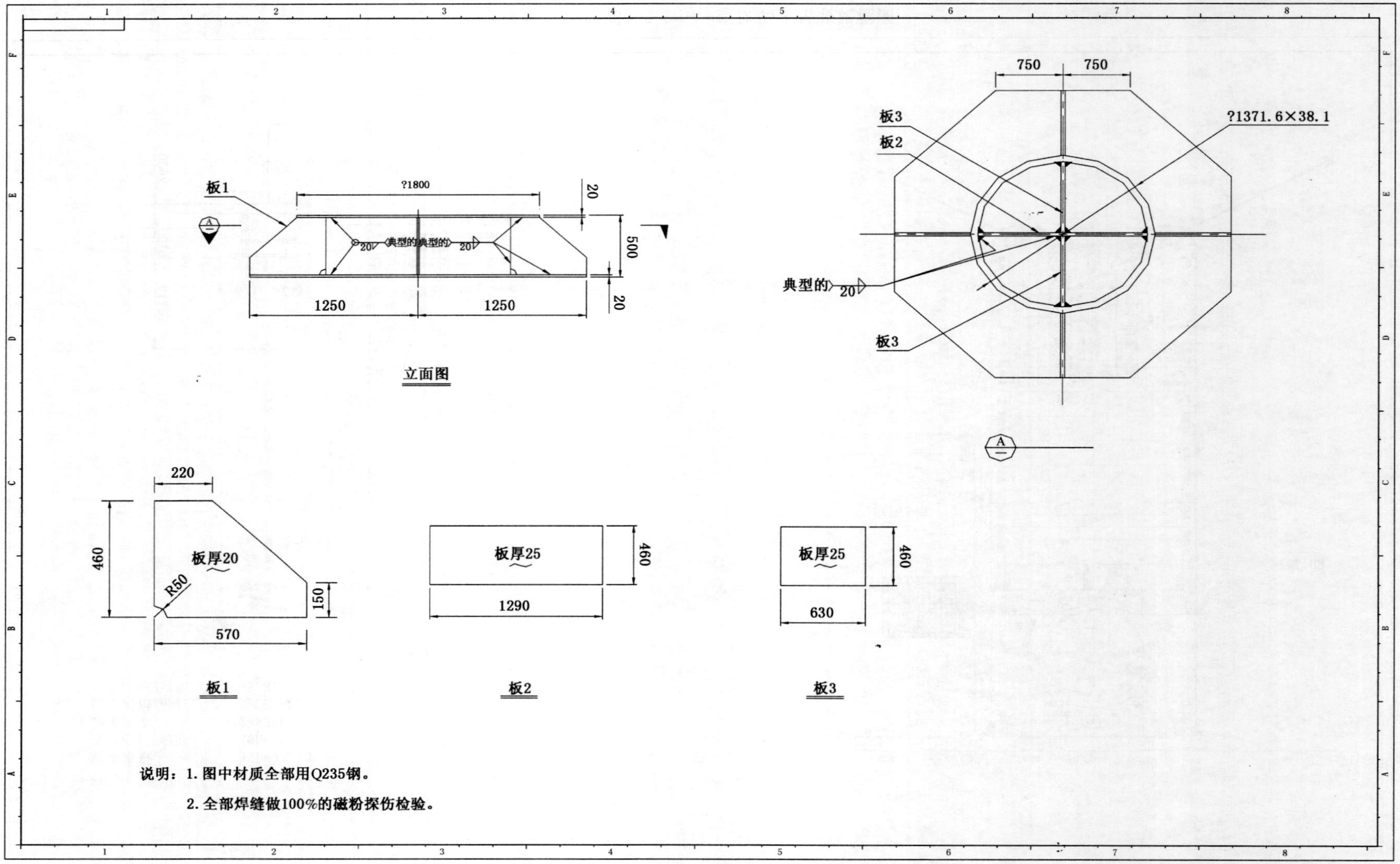

说明：1. 图中材质全部用Q235钢。

2. 全部焊缝做100%的磁粉探伤检验。

图8-5-3　组块垫墩设计图

1. 组块垫墩设计图要求能够清楚体现的内容

(1)垫墩的结构形式,杆件或板材的尺寸;

(2)垫墩的焊接高度及焊接形式;

(3)在注释中,应标明垫墩各部分的材质情况,焊接检验要求及其他特殊要求。

2. 组块垫墩设计图设计要考虑的内容

(1)垫墩设计要依据垫墩强度计算进行,选择合适的结构形式、杆件及板材;

(2)焊接高度及焊接形式根据焊接结构形式及板材厚度决定。

四、船体局部加强图

参见图8-5-4。

1. 船体局部加强图要求能够清楚体现的内容

(1)船体局部加强的结构形式,杆件或板材的尺寸;

(2)加强结构的焊接高度及焊接形式;

(3)在注释中,应标明加强结构的材质情况,焊接检验要求及其他特殊要求。

2. 船体局部加强图设计要考虑的内容

(1)船体局部加强设计要依据船体强度计算进行,在船体薄弱处选择合适的结构形式、杆件及板材进行加强;

(2)焊接高度及焊接形式根据焊接结构形式及板材厚度决定。

五、作业船码头系泊布置图

参见图8-5-5。

1. 作业船码头系泊布置图要求能够清楚体现的内容

(1)作业船码头施工时的就位位置,船舶与码头、船舶与船舶之间的距离;

(2)作业船码头施工时抛锚数量、角度及长度,施工船与码头带缆数量及方式,船与船之间带缆方式及数量;

(3)组块码头吊装时,组块距码头前沿的距离。

2. 作业船码头系泊布置图设计要考虑的内容

(1)码头距离是否满足船舶就位要求;

(2)抛锚距离不能影响港口航道。

六、滑移装船拖拉系统和顶推系统布置图

参见图8-5-6。

(1)滑移装船拖拉系统和顶推系统布置图要求能够清楚的体现拖拉系统和顶推系统相关设备的布置位置,设备与设备之间的距离。

(2)滑移装船拖拉系统和顶推系统布置图设计要考虑根据拖拉和顶推设备需要的预留操作空间安排设备之间的距离。

七、船上滑道设计图

参见图8-5-7。

1. 船上滑道设计图要求能够清楚体现的内容

(1)滑道在驳船上的摆放位置、节数及长度;

(2)滑道的固定方式。

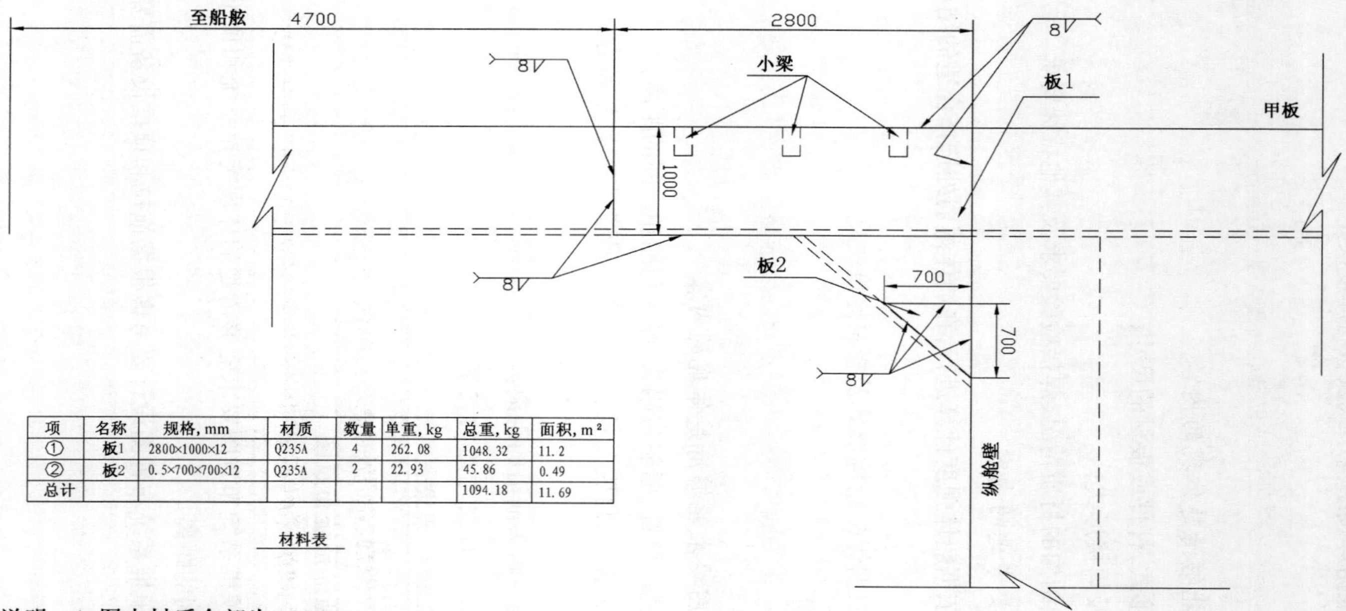

项	名称	规格，mm	材质	数量	单重，kg	总重，kg	面积，m²
①	板1	2800×1000×12	Q235A	4	262.08	1048.32	11.2
②	板2	0.5×700×700×12	Q235A	2	22.93	45.86	0.49
总计						1094.18	11.69

材料表

说明：1. 图中材质全部为Q235A。

2. 板1加固位置在Fr31和Fr35处，即距船尾42.5m和32.5m处(左右舷)。

3. 板2加固位置在Fr31处，即距船尾42.5m处(左右舷)。

4. 如果加强板位置不合适，可以根据现场情况调整。

5. 全部焊缝要求MT检验。

6. 由于船横梁上有小梁，板1需要切除几小块，以便小梁通过，具体尺寸现场决定。

图8-5-4　船体局部加强图

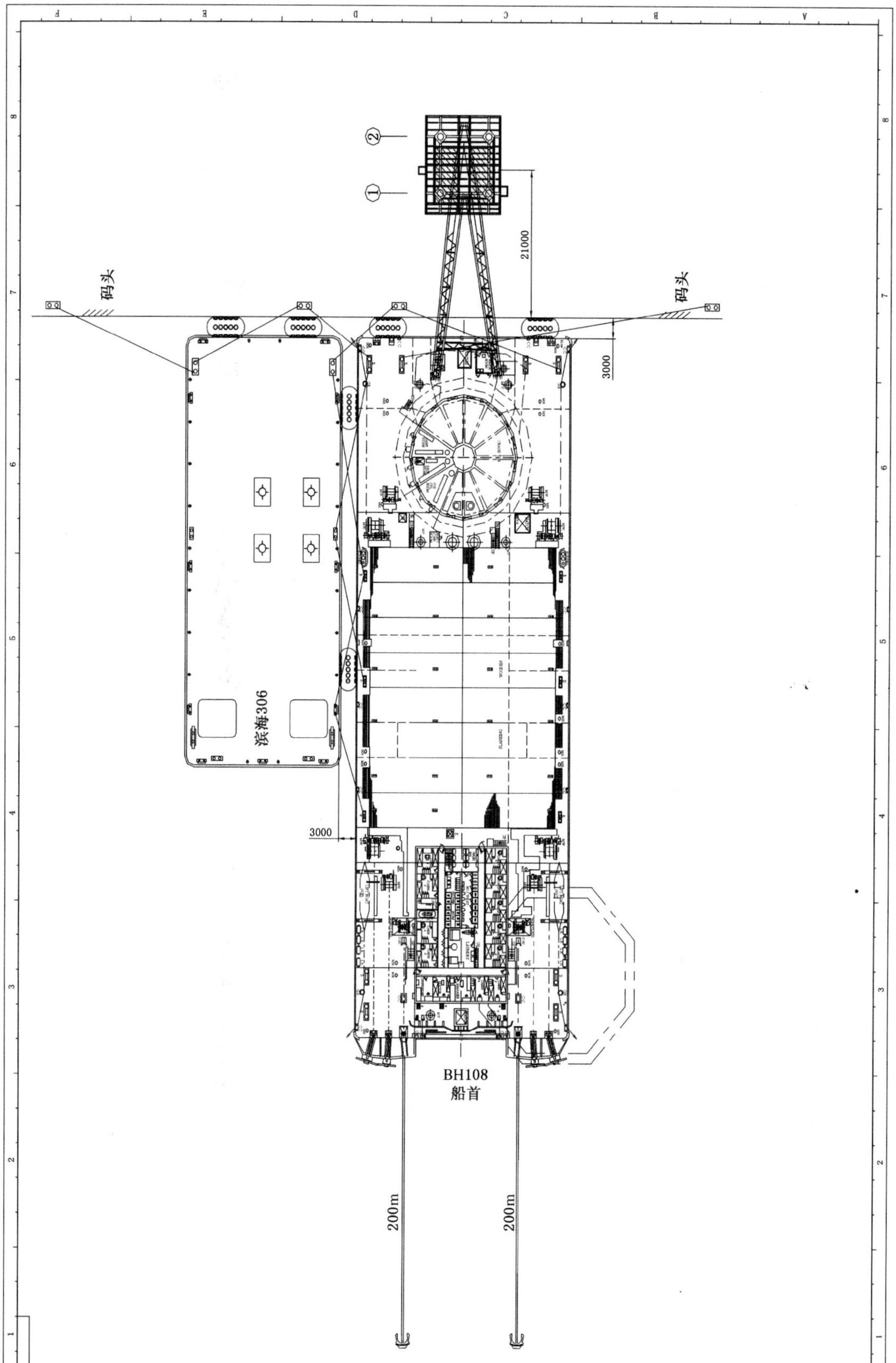

图8-5-5 作业船码头系泊布置图

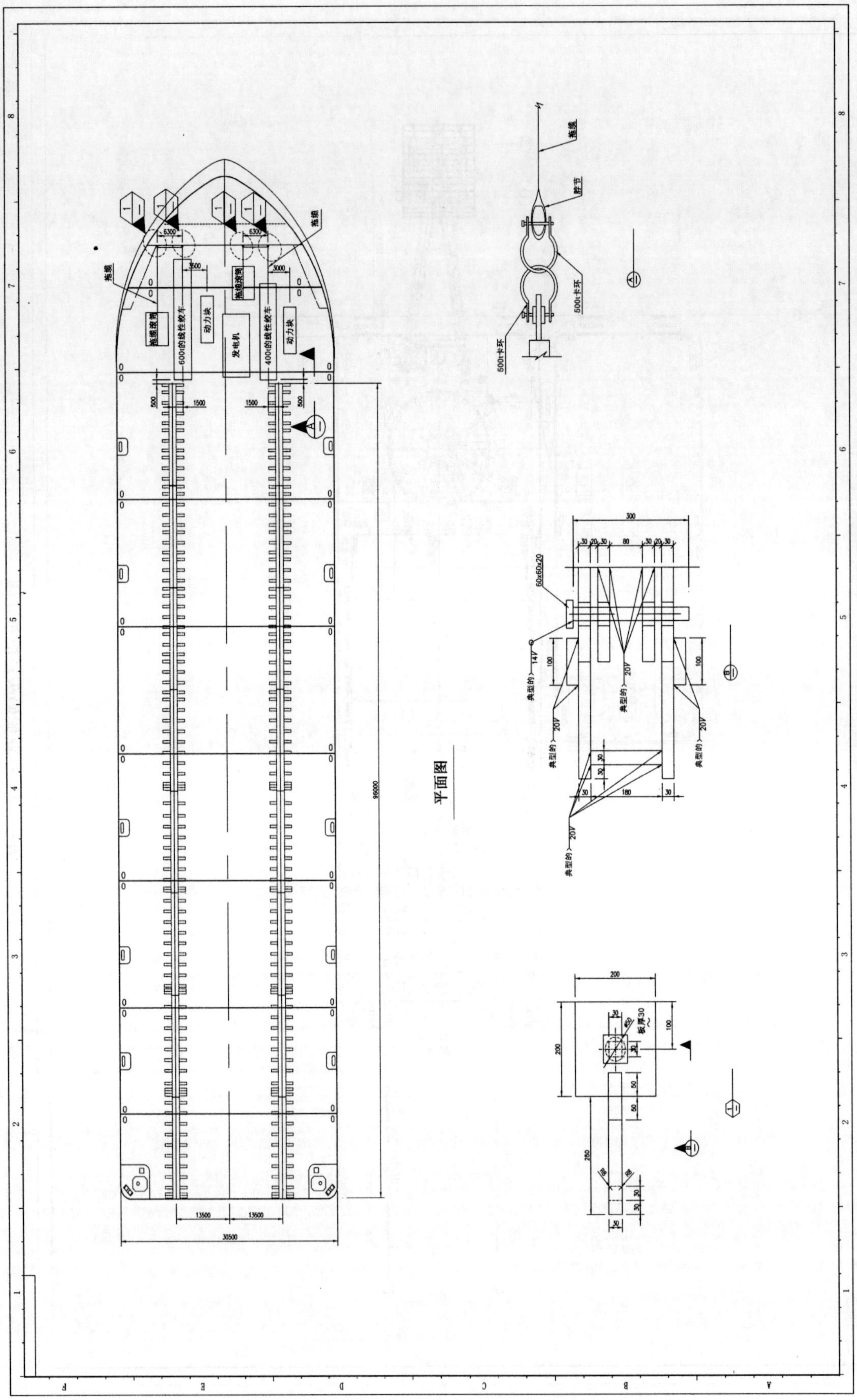

图8-5-6 滑移装船拖拉系统和顶推系统布置图

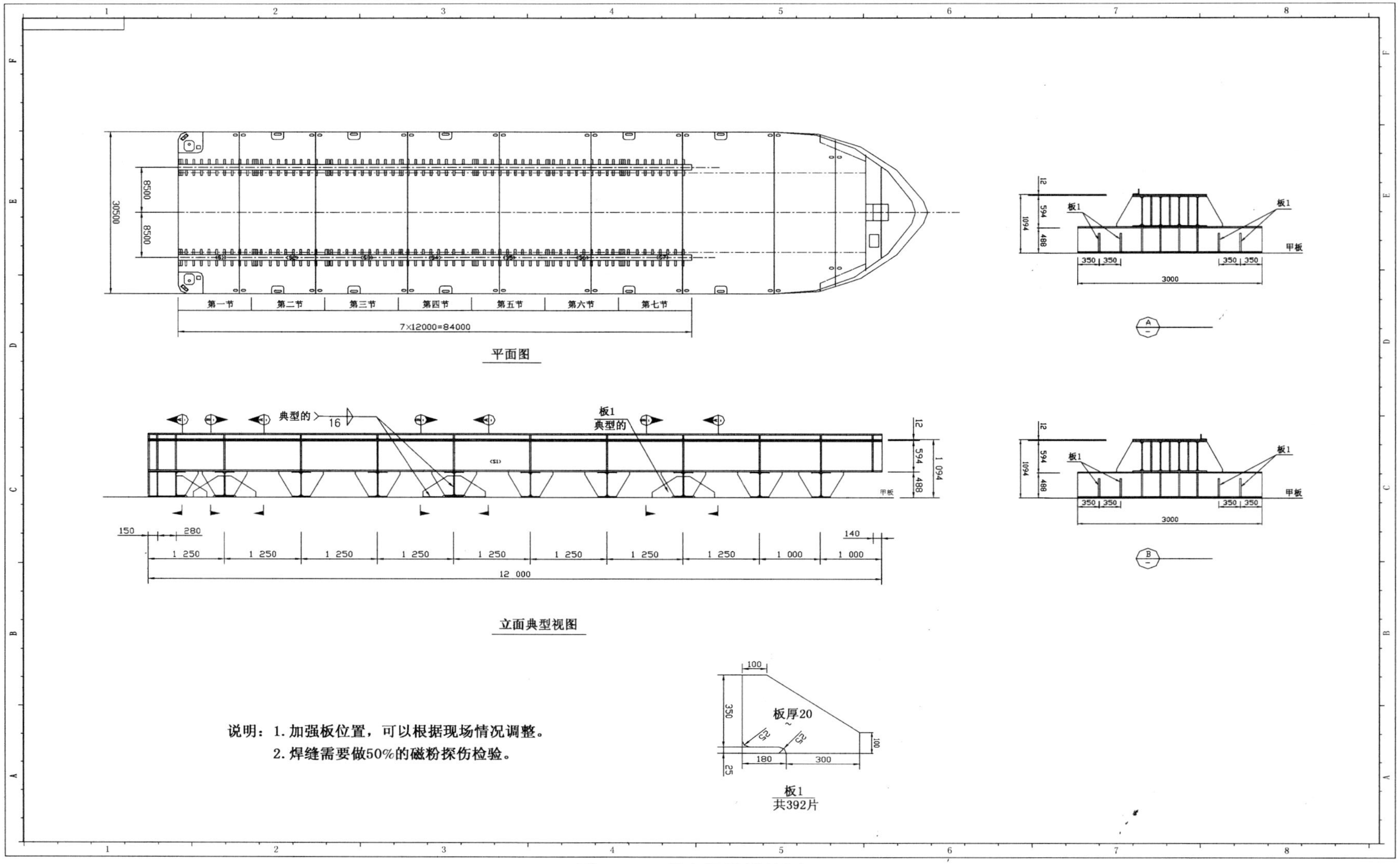

图8-5-7　船上滑道设计图

2. 船上滑道布置图设计要考虑的内容

(1)根据组块装船位置需要确定滑道长度;

(2)根据拖拉受力计算确定固定数量及形式。

八、组块吊装索具运输绑扎图

参见图8-5-8。

1. 组块吊装索具运输绑扎图要求能够清楚体现的内容

(1)吊装索具在组块上的摆放位置;

(2)吊装索具绑扎固定形式。

2. 组块吊装索具运输绑扎图设计要考虑的内容

(1)根据索具长度安排摆放形式,把所有索具挂钩的琵琶头摆放在一起便于挂钩;

(2)绑扎固定数量要满足运输条件要求,索具与组块之间应安放垫木。

九、起重船机具布置图

参见图8-5-9。

1. 起重船机具布置图的要求

起重船机具布置图要求能够清楚的体现起重船上所有施工机具的装船位置及装船方向。

2. 起重船机具布置图设计要考虑的内容

(1)起重船上所有施工机具布置要便于现场施工作业,符合安全要求;

(2)装船固定要满足船舶运输稳性计算要求。

十、组块海上吊装流程图

参见图8-5-10(a)、8-5-10(b)。

1. 组块海上吊装工艺图要求能够清楚体现的内容

(1)组块海上吊装时,船舶就位方向、角度,作业船与驳船之间的距离;

(2)组块海上吊装时,作业船的起吊跨距、起吊高度;

(3)在注释中,应标明组块重量、组块起吊所需起吊高度、施工船在设计跨距下的最大起吊重量及起吊高度。

2. 组块海上吊装工艺图设计的要求

组块海上吊装工艺图设计要考虑组块由驳船起吊时,计算在设计跨距下,起吊高度是否满足驳船干舷、垫墩高度、组块高度、吊扣高度的要求。

十一、作业船海上系泊布置图

参见图8-5-11。

1. 作业船海上系泊布置图要求能够清楚体现的内容

(1)作业船海上施工时的就位位置、角度,作业船与驳船之间的距离;

(2)作业船海上施工时抛锚数量、角度及长度,施工船与驳船之间带缆方式及数量。

2. 作业船海上系泊布置图设计要考虑的内容

(1)抛锚长度是否满足船舶就位稳性要求,一般抛锚锚缆长度在600m~800m范围内;

(2)抛锚点距离海底管道、电缆等障碍物的最小距离要满足规范要求,通常锚点不跨越海底管道或海底电缆;

(3)如锚点必须跨越海底管道或海底电缆时,其锚点距管道或电缆不应小于200m。

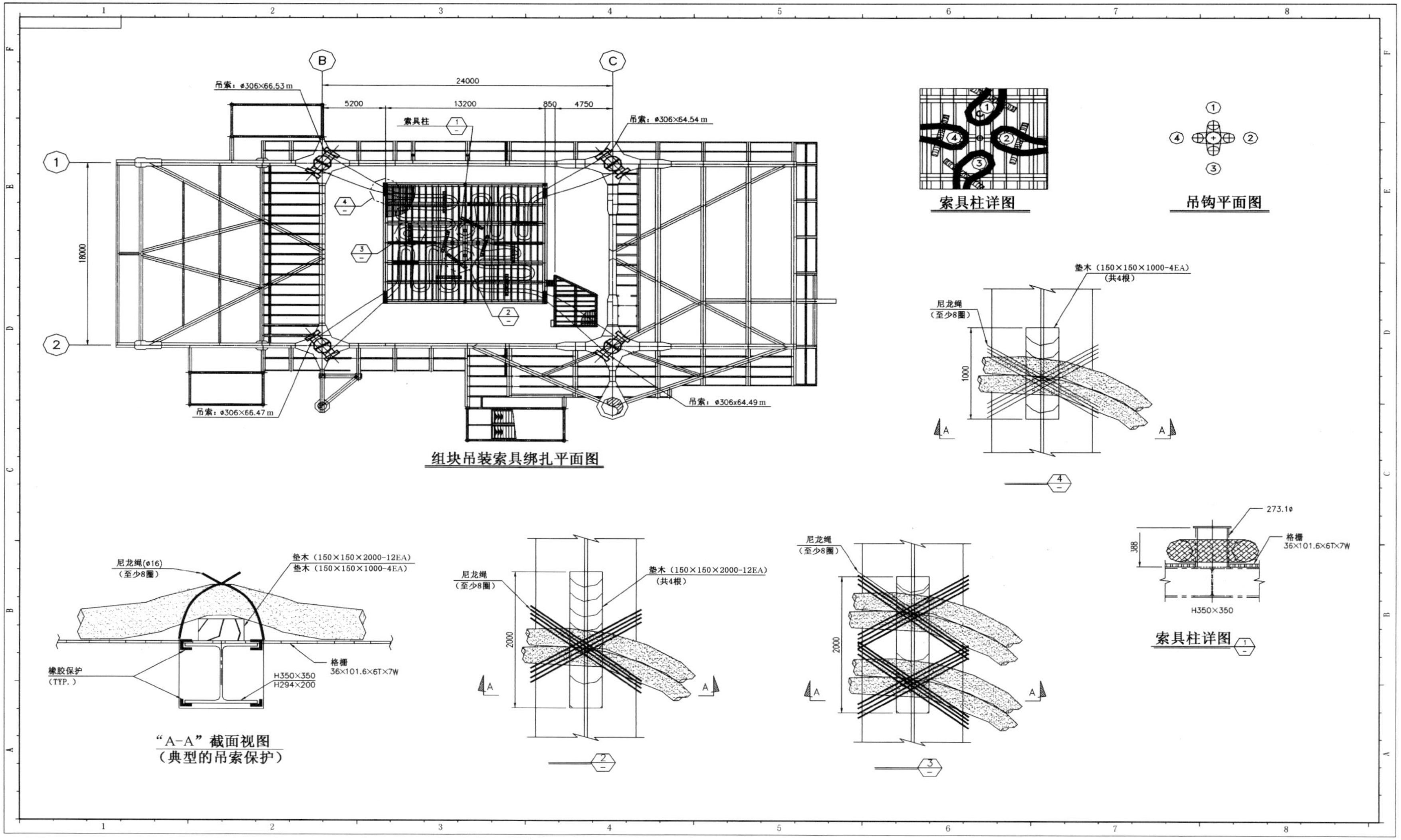

图8-5-8 组块吊装索具运输绑扎图

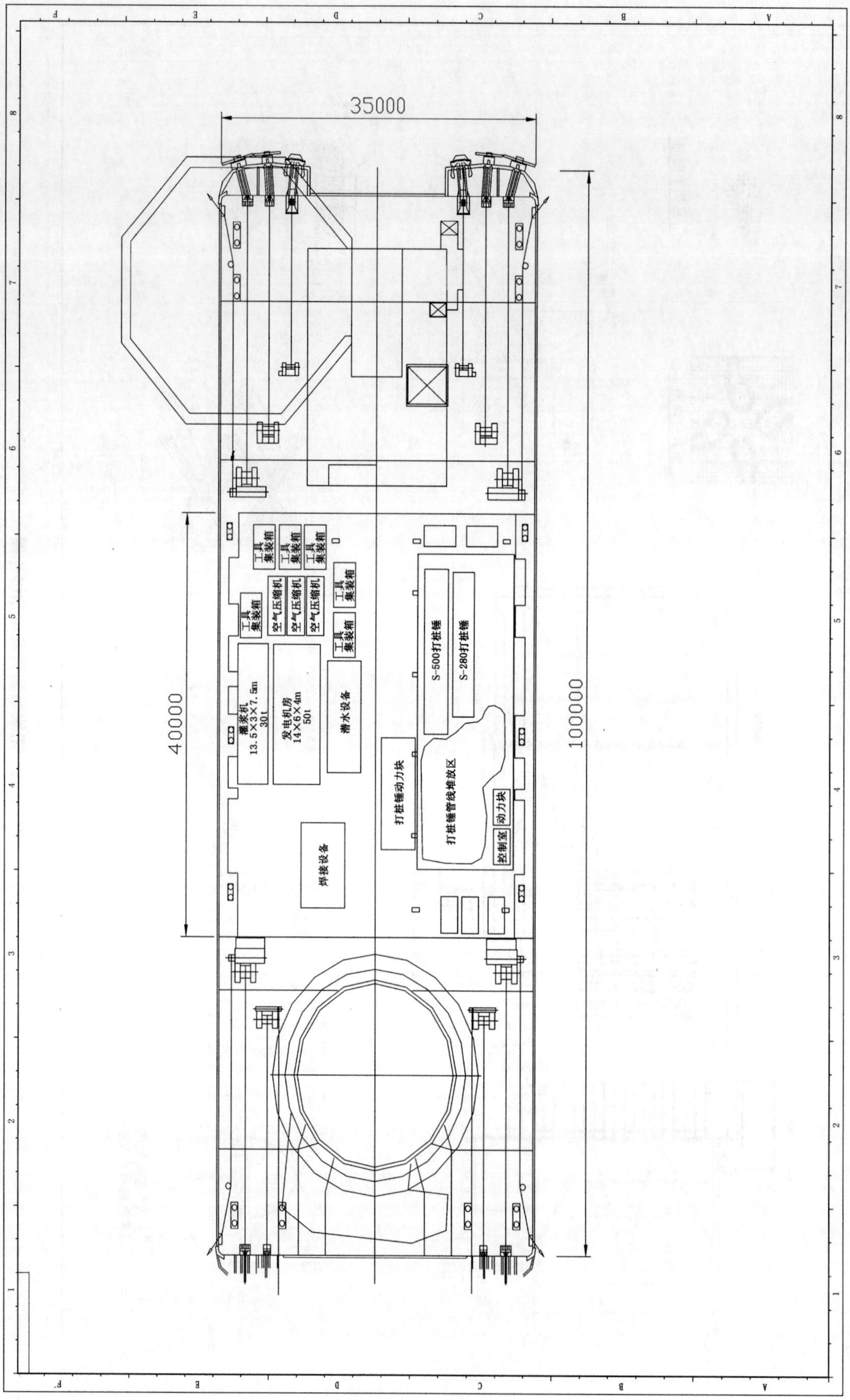

图8-5-9　起重船机具布置图

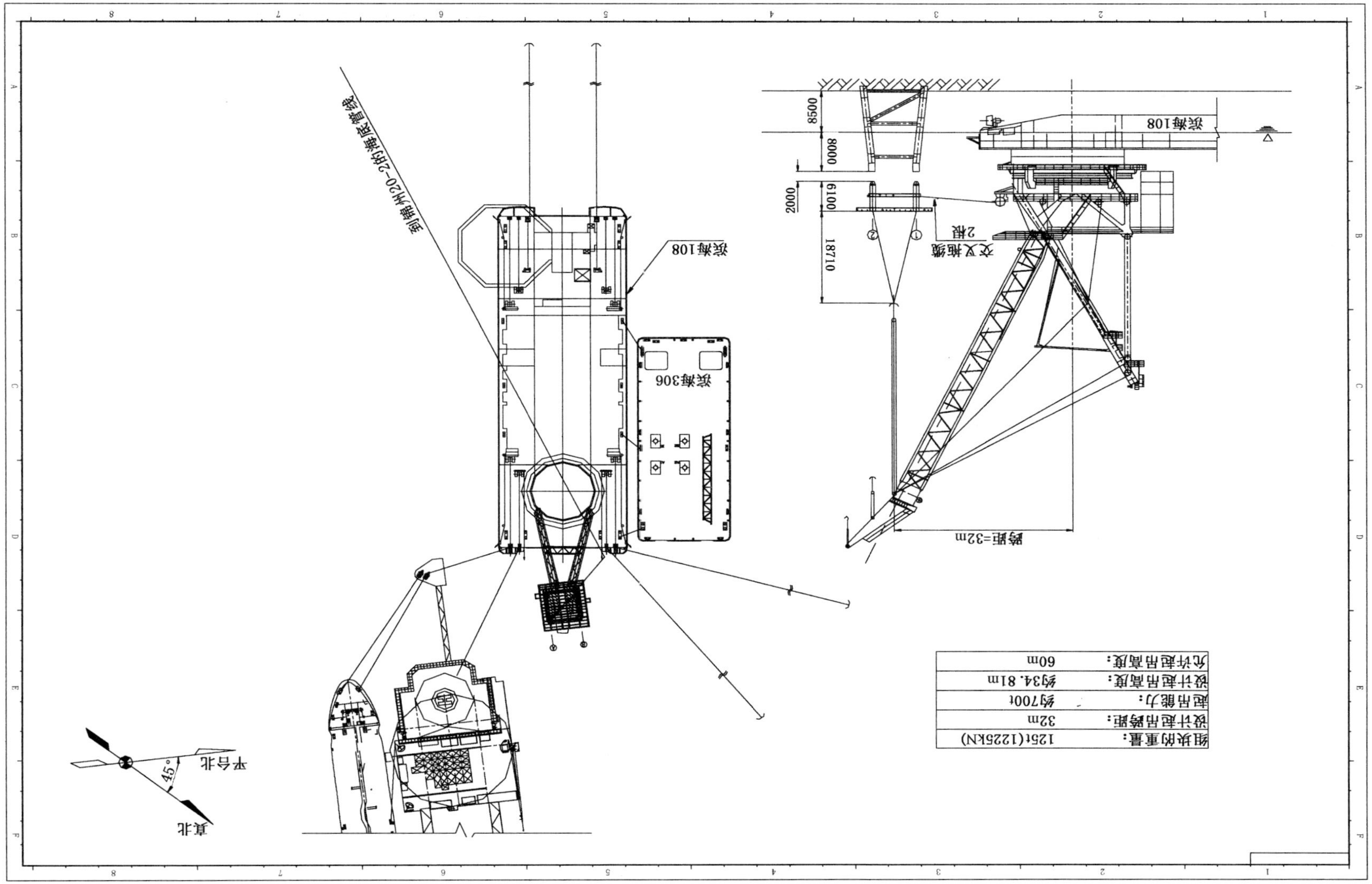

图8-5-10(a) 组块海上吊装流程图

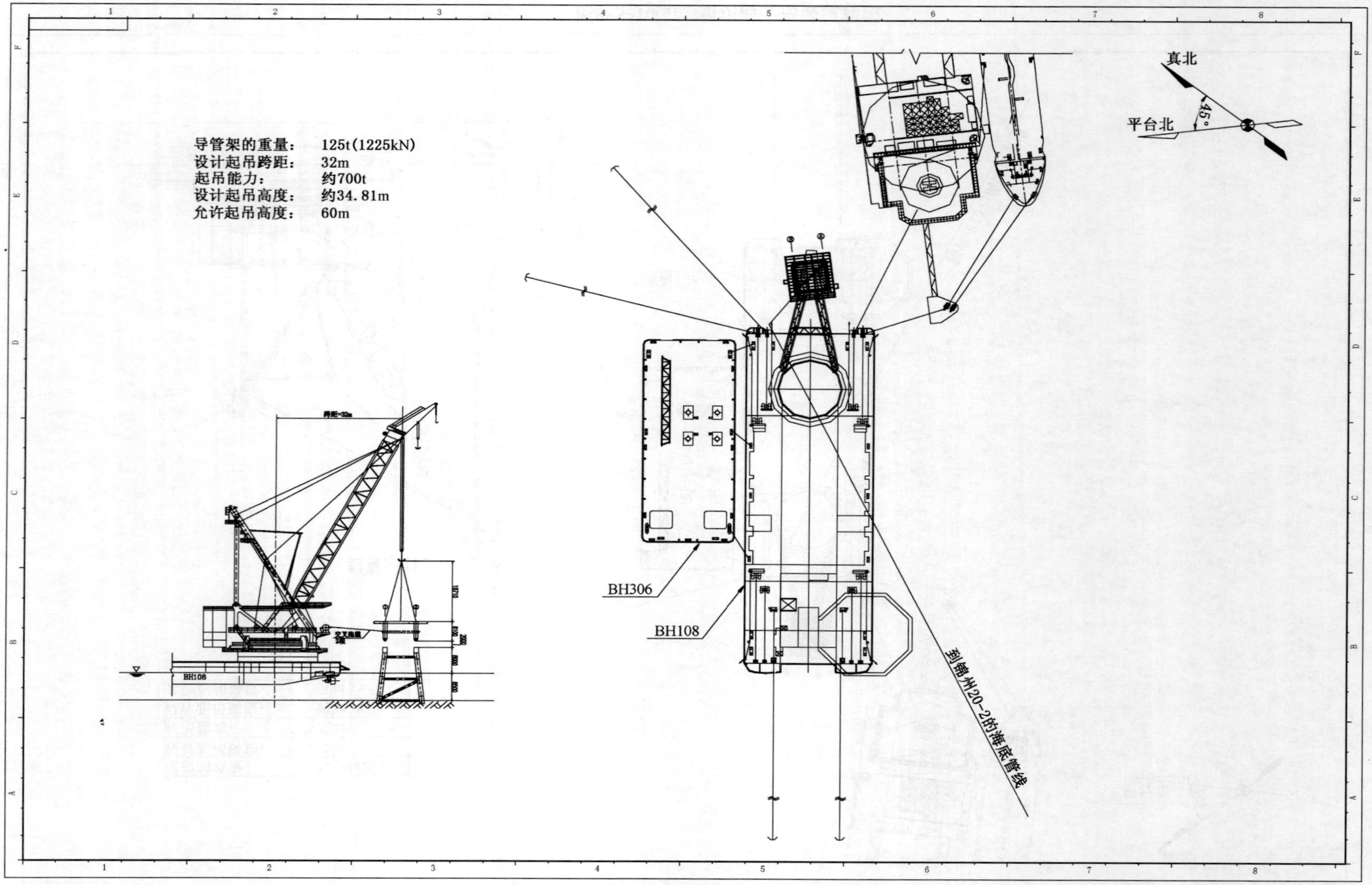

图8-5-10(b)　组块海上吊装流程图

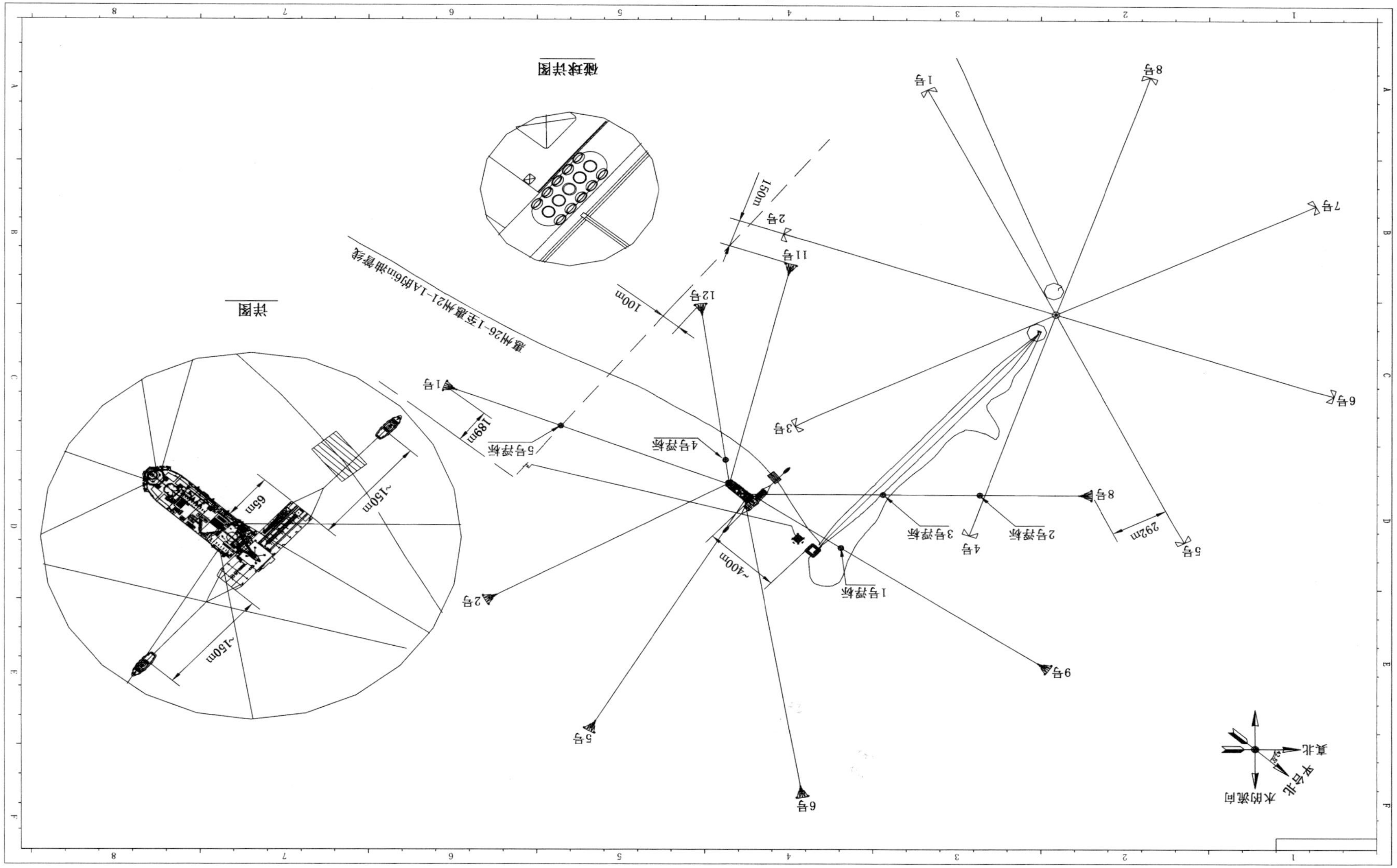

图8-5-11　作业船海上系泊布置图

第五节 装船程序

一、吊装装船程序

吊装装船程序应包括以下内容：

(1)设计依据：组块安装技术规格书、详细设计图纸和有关规范。

(2)作业条件、码头标高、港池水深；能适合起重船和装载组块的驳船在作业时的吃水，满足起重船/驳船抛锚系泊的要求，同时还要考虑风速和波浪对装船作业的影响。

(3)组块的基本参数：组块的尺度、重量、重心位置、距码头前沿的位置。

(4)起重船：简要描述起重船的技术性能。

(5)组块吊装装船的工作范围：

① 组块装船用船计划。

② 组块装船的详细内容。如生活楼、钻机、火炬臂、吊机等。

③ 组块每一部分的起吊分析、配置的吊索具清单、提供吊索具的证书。

④ 设计组块的垫敦及固定型式。

⑤ 组块装船布置图。

⑥ 起重船和装组块的驳船在港池的就位图。

(6)装船作业。

组块装船：①工作流程；②起重船/驳船就位；③索具布置；④组块从码头起吊并放置在驳船上；⑤组块与垫敦、垫敦与驳船的固定；⑥固定后的检验。

(7)附件和散件装船。

二、拖拉滑移装船程序

拖拉滑移装船程序应包括以下内容：

拖拉滑移装船程序在设计依据、作业条件、组块的基本参数方面与吊装装船是相同的。只是使用的装组块的驳船与吊装装船的驳船不相同，装组块拖拉滑移装船的驳船要有足够压载和排载能力的泵系统。甲板要满足安装滑道及组块拖拉过程作中的承载能力。

(1)驳船设备性能和拖拉系统性能。

(2)组块滑移装船的工作范围。

① 装组块驳船甲板上滑道摆放及固定检验。

② 拖拉绞车系统的摆放及固定。设备调试。

③ 组块滑移装船计划及船舶计划。

④ 装组块的驳船调载泵的试验与调试。

⑤ 牵引拖缆的连接。

⑥ 组块拖缆的连接。

⑦ 组块固定和检验。

(3)组块装船作业：

① 准备工作。驳船上安装滑道，船上与陆地滑道对接，整个拖拉系统连接、剔袭验证。

② 码头上的准备工作。陆地与船上滑道的清理、打磨、拖拉索具的连接。

③ 驳船上的准备。驳船压载试验、拖拉系统的调试、滑道打磨、润滑、应急调载泵安装并调试。

④ 组块装船关键点的控制：

a. 调整驳船上的滑道与码头上的滑道对齐，左右不能有大的偏移。

b. 通过压、排载控制驳船上的滑道与陆地滑道高度在一定范围内。

⑤ 驳船压、排载和组块拖拉滑移

a. 通过计算要使组块的拖拉滑移速度与驳船的压、排载速度相协调。

b. 当拖拉滑移速度与驳船上排、压载速度不协调时，一定要调整使两者保持一致。

⑥ 为了安全有效地实施组块拖拉滑移装船，下列基本过程都应保证实行。

a. 检查驳船的系泊位置与滑道的情况，检查组块在拖拉时是否滑动自由，滑道是否清洁。

b. 在拖拉之前要确认拖拉系统和压、排载系统工作是否正常。

c. 在拖拉之前要检查拖拉索具的连接和陆地上的附助设备，千斤顶的安装以及拖拉索具是否张紧。

d. 慢慢增加两边的拖力，并用千斤顶开始顶，派专人观察组块是否开始移动。

e. 当拖动后，继续拖拉向前。

f. 当装组块的滑靴移到驳船上之前，要确认驳船上滑道与陆地的滑道是否一样高；是否在一个平面上。

g. 为了防止组块滑靴超出滑道，两边的绞车应以相同的速度拖拉，如果不同步，必须进行调整，使其慢慢调整到同步。

h. 跟着组块的拖拉步骤，确认驳船是在合适的状态，组块拖拉或停止都要根据驳船调载的要求进行。

(4)应急措施。

在组块拖拉滑移装船过程中万一出现下列情况应有预防措施。

① 恶劣天气出现；

② 绞车故障；

③ 调载泵故障；

④ 驳船产生位移、偏斜；

(5)装船后的工作；

① 组块的固定工作；

② 驳船拖航前的准备工作；

③ 为拖航进行预压载。

第六节　运输程序

一、介绍

(1)一般情况。

(2)装货驳船。

(3)运输。

(4)拖航计划。

二、船舶数据

(1)装货驳船。

(2)拖轮。

三、运输

(1)组块装船布置及拖轮与驳船的连接方法。

(2)稳性分析。

四、装船和航行前的活动

(1)固定检查。

(2)吊装索具检查。

(3)压载。

(4)拖航计算。

五、指导拖轮船长拖到目的地

(1)准备:

① 通告;

② 拖轮动员;

③ 清关和文件准备;

④ 准备情况的审查;

⑤ 决定拖航;

⑥ 出发。

(2)拖向目的地。

(3)通讯系统和布置。

(4)气象预报。

六、应急程序

(1)坏天气。

(2)拖缆破断。

(3)拖轮与驳船失去通讯联系。

(4)锚出故障。

(5)拖航系统(应有备用拖缆、应预先栓导好)。

第七节　安装程序

一、安装过程描述

组块安装程序应包括:即组块制造地点和安装地点,安装地点的环境条件、组块的基本参数、采用什么设备进行安装、组块安装所使用的技术标准和规范。

二、安装计划

组块安装计划一般情况下采用 Project 编制,安装计划应包括下面内容:

(1)主作业船航行。

(2)抛锚就位。

(3)安装过渡段。

(4)必要的准备工作。

(5)装组块的驳船就位。

(6)切割固定。

(7)组块起吊。

(8)组块定位。

(9)过渡段上、下两道焊口焊接。

(10)住房组块起吊就位。

(11)附件安装。

(12)验收。

(13)返航。

三、海上作业环境条件

根据不同作业船舶和不同海域条件,海上作业环境条件不同;同时要考虑风速、波浪对作业的影响。

四、作业船队和拖航应急程序

技安环保部编有通用的船舶应急程序,每个组块安装时,应根据组块安装地点不同,使用船舶不同及施工人员不同,进行改编。将不同地区的联络方式和人员更改成稿后,交技安环保部审核、领导批准即可报批。

五、作业船抛锚就位程序

结合油田现有的导管架海底管道、海底电缆和其他障碍物的情况,一般考虑主作业船的就位方向顺着主流向布置。设计作业船的抛锚位置时,一定要避开已有的障碍物,将作业船的锚位用大地坐标标出,锚缆要有一定的长度,抛锚拖轮上的定位设备根据准确的锚位进行抛锚,将锚抛下后,不能马上解脱,让主作业船拭拉一下锚,确认该锚已经抛住时解脱,否则拖轮将锚拉起再抛一次。其他船抛锚也应设计锚位,不可随便抛锚。

六、组块吊装作业

(1)工作流程见图 8-5-12。

(2)安装过渡段。

(3)校核钻井小平台或采油树。钻井小平台或采油树往往在组块井口区与井口梁相碰,故此应在组块吊装前,仔细检查钻井小平台或采油树是否影响组块吊装,如有影响时一定先进行处理然后才能安装组块。

(4)组块吊装:

① 装组块的驳船就位后,检查一下组块在运输过程中是否有什么变化、固定情况、吊装索具情况。

② 确认天气和海况是否符合作业环境条件。

③ 栓系吊装索具(包括拖拉绳)。

④ 切割组块固定。

⑤ 确认每个岗位都有人负责,并有专人检查、检查确认每个环节都正常时,方可进行组块起吊作业。

⑥ 组块起吊时,一定要慢慢增加起吊力,起吊到100t 后,再检查一遍,确认固定切割完全无其他碍事地方时,方可增加起吊力,使之慢慢离开支撑点。

⑦ 当组块起吊到超过驳船最高点时,让拖轮拖驳船离开。

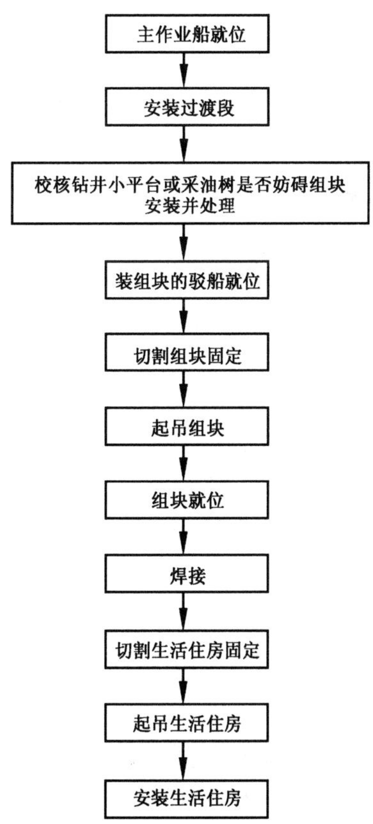

图 8-5-12　工作流程

⑧ 通过绞动主作业船的锚缆，让主作业船慢慢靠近导管架，当组块快到达安装位置时，组块四角都要有专人负责观察，慢慢移船使组块达到最终合适的安装位置时，慢慢下放组块，使组块安全就位。

⑨ 当组块安装到最终位置后，进行焊接、焊接进行3遍后即可解脱吊装索具。

(5)其他小的组块如生活住房的安装，重复以上步骤。

(6)临时构件的切割：如吊点和其他临时加固的杆件将要用气割火炬或气刨割除，切割剩余高度不能大于1/4in，注意切割时不能伤害其他永久杆件。

(7)检验：组块安装过程中的焊缝应按提供业主和第三方批准的检验程序进行超声波检验和磁粉检验。

七、组块焊接程序

组块焊接程序，通常由建造承包商在做了焊接程序试验后编写，该程序包括组块陆地建造和海上安装。

八、组块无损检验程序

组块无损检验程序由检验承包商根据业主提供的技术规格书和图纸编写，一般情况下，陆地建造和海上安装的无损检验程序在一块编写。

九、附件安装和补漆

(1)对组块附件走道、隔栅、栏杆等在做涂漆之前要进行安装。

(2)将临时脚手架全部拆除，对切割部分进行打磨，对暴露的金属部分、焊缝等进行认真除锈后，进行涂装。

(3)对稍大面积需补漆的地方，要进行喷砂处理，达到技术要求后方可进行涂漆。

第八节　完 工 报 告

一、组块最终标高测量报告

(1)组块安装后标高的测量是由具有相应测量资质证书的公司承担，通常使用经纬仪进行测量。

(2)现场测量人员应具有相应的资质证书。

(3)因为导管架安装就位后已经测量出最终标高，所以组块标高测量的起始点定为导管架的工作点。

(4)用经纬仪从导管架工作点起测量出组块的标高。

(5)组块最终的测量标高应满足设计要求。

(6)组块最终标高测量报告应有业主签字确认。

二、组块焊接与检验报告

组块在海上就位、调平、安装等过程中，需要进行焊接和检验，通常是由有相应资格的公司和持有相应资质证书的人员进行焊接和检验。承包商根据合同及合同附件的要求编制焊接和检验程序，待业主和第三方批准后执行。

焊接和检验报告应满足合同及合同附件的要求，检验报告的内容通常包括：

喷砂检验报告、涂漆检验报告、外观检验报告、超声波探伤检验报告、磁粉检验报告等。检验报告的格式都有各自的标准格式。以上报告的内容通常包括：

(1)项目名称；

(2)检验类型；

(3)材质；

(4)检验部位；

(5)采用标准；

(6)检验结果的报告及结论；

(7)检验员签字；

(8)承包商、业主、第三方共同签字确认。

三、现场确定的相关变更报告

承包商是根据业主的合同及合同附件的要求进行组块海上安装的，超出合同及合同附件以外的内容，都称为变更。施工现场发生变更时，承包商的现场施工经理应该及时填写变更确认单，由业主确认，变更确认单的内容包括：

(1)项目名称；

(2)变更的原因；

(3)变更的主要内容及工作量的描述；

(4)投入的主要设备、消耗材料及其他资源；

(5)变更的总计费用(如有可能的话)；

(6)业主、承包商(现场施工经理)双方签字确认。

通常在海上安装现场待组块安装工作完成后，立即填写变更确认单。变更确认单的形式可以采用备忘录，但备忘录的内容应满足以上要求，特别是业主签收不能签在“签收人”处，要求业主写出确认意见，并签字。

第六章　单点系泊安装设计

第一节　安装方法

本章介绍3种单点系泊结构形式:固定塔式、浮筒式和内转塔式。

一、固定塔式(水上软刚臂单点系泊系统)

固定塔式单点系泊系统主要是由单点导管架(SPM jacket)、系泊头(mooring head)及 YOKE 组成,如图8-6-1所示。

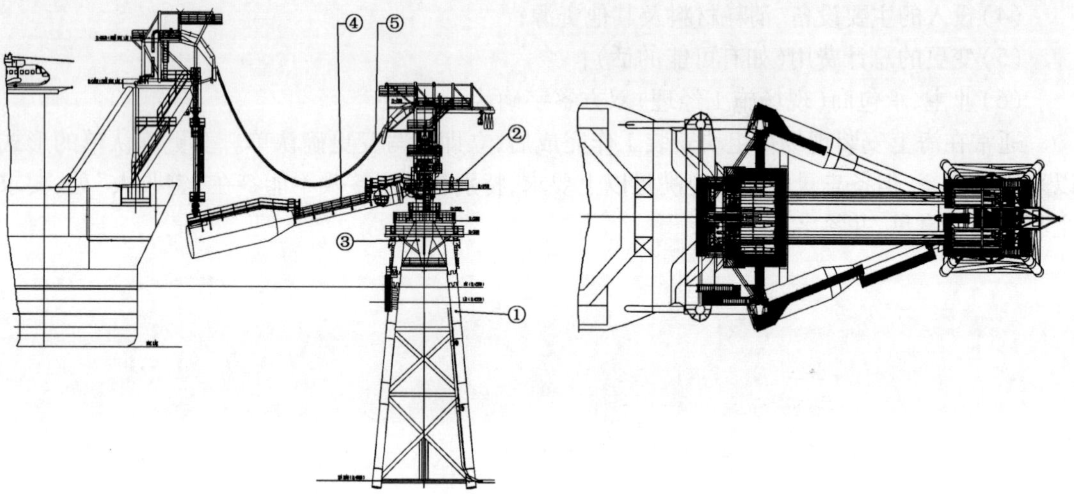

图8-6-1　固定塔式单点系泊系统总布置图

① 导管架;② 系泊头;③ 将军柱;④ YOKE;⑤ 跨接软管

导管架(SPM jacket)是单点结构的基础,将整个单点系统固定在海上,坐在导管架顶部的系泊头(mooring head)是由旋转头构成,起旋转作用,YOKE 的一端悬挂在系泊头上,另一端与油轮(FPSO)相连,可使油轮绕单点导管架旋转,安装顺序为:

(1)先安装导管架,导管架的安装与其他类型的导管架安装过程完全一样;

(2)再安装系泊头,在系泊头安装之前,先安装一个所谓的将军柱(KING POST),将军柱安装在导管架顶部,将军柱上再安装系泊头步骤如下:

① 将吊扣挂在系泊头吊点上,吊扣带劲。

② 切割系泊头与驳船的固定。

③ 吊起系泊头,并吊到将军柱上部。

④ 将系泊头对准将军柱的对接点。

⑤ 系泊头与将军柱接点焊接固定。

(3)YOKE 的连接:

① 将吊扣挂在 YOKE 吊点上,吊扣带劲。

② 切割 YOKE 与驳船的固定。

③ 起吊 YOKE 至系泊头上方,并将 YOKE 与系泊头的连接端对准系泊头悬挂钩。

④ 慢慢下放 YOKE,当 YOKE 的连接件进入到系泊头悬挂钩时,合上悬挂钩上部的机关,浇

注环氧树脂。

⑤ 吊扣解脱，YOKE 另一端靠自身浮力浮于海面。

(4)油轮的连接：

① 选择一个好天气，并在前一天作好一切准备工作。

② 一条拖轮拖油轮船艏(连接单点的一头为油轮船艏)，为主拖船，它负责拖油轮靠向单点。

③ 另外两条拖轮分别拖油轮船艉的左右两侧，成八字形向后拖，作用是控制油轮前进的方向和速度。

④ 在施工负责人的指挥下，3 条拖轮控制油轮慢慢靠近单点。

⑤ 当油轮距离单点 100m 左右时，解脱主拖轮，利用工作艇将油轮上的缆绳带到单点系泊头上。

⑥ 油轮上慢慢绞缆，这样油轮就慢慢靠近系泊头。与此同时，船艉两条拖轮随时注意控制油轮速度和方向。

⑦ 当油轮上与系泊头连接件处在系泊头上方时，停止绞缆，拖轮带劲，稳住油轮。

⑧ 连接油轮与系泊头的连接件。

二、固定塔式(水下软刚臂单点系泊系统)

软钢臂形式单点系泊系统是将海上平台生产的油、水和天然气通过海底管道混输到单点系统，再通过跨接软管进入油轮。在油轮上进行油、水和天然气的分离处理，将处理好的原油存入储油舱，由穿梭油轮运走。软钢臂系统的总布置图见图 8－6－2。

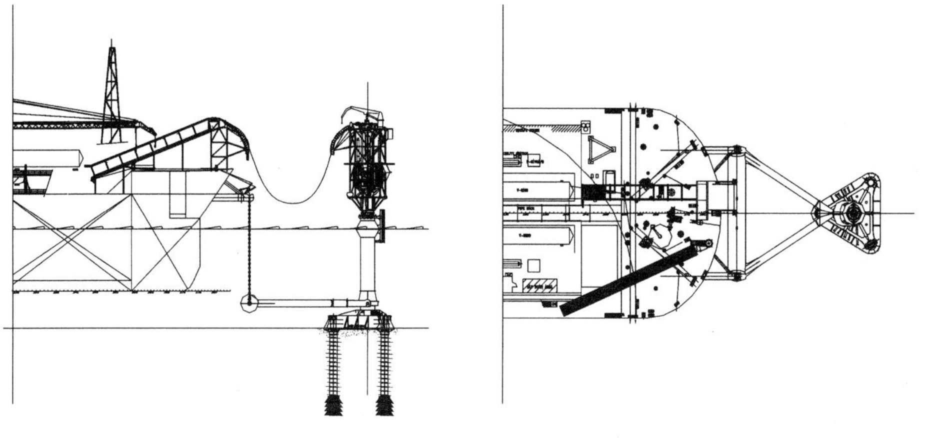

图 8－6－2　软刚臂系统总布置图

软刚臂单点系泊系统主要由基础结构、水下 YOKE 及上部结构组成，如图 8－6－3 所示。

基础结构通过 3 根钢桩固定到海底。上部结构安装在基础结构的内套筒顶部，用法兰连接。上部结构导向柱插入到外套筒的导向套筒中，这样，上部结构的旋转框架、外套筒以及 YOKE 通过软刚臂与油轮连接，并随油轮进行 360°旋转。

软刚臂系统海上安装分为两个阶段来完成，阶段一为水下设施的安装，阶段二为上部结构安装，施工过程如下。

1. 阶段一：水下设施的安装

1)陆地准备工作

基础结构的灌浆管线的预安装，检查 YOKE 锚链预连接过程中有无扭矩产生；在 YOKE 上布置潜水员行动绳，YOKE 压载填充管线在下水前预连接等。

2)基础结构的安装

安装允许误差为基础结构中心平面位置 ±2m，垂直度 ±1°，方位角 ±2°。

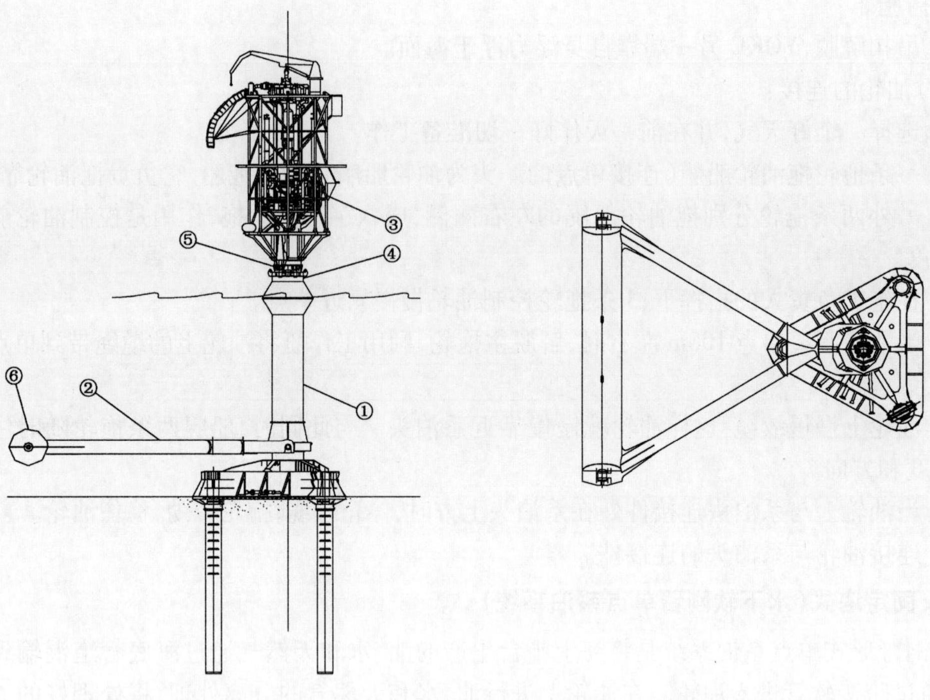

图 8-6-3　软刚臂系统结构图

① 基础结构;② YOKE;③ 上部结构;④ 外套筒;⑤ 内套筒;⑥ YOKE 压载舱

(1)吊装准备。起重船就位后,潜水员对海底进行预调查及清理。然后,在基础结构顶部起吊框架上标出工程北或真北,拴好拖缆,进行调平工具螺杆预安装,连接 YOKE 安装导向钢丝至导向柱顶端,并在基础结构上做出水深标记,以便于下放过程中控制入水深度。挂扣的同时根据已经做好的工程北或真北的标记安装定位设备。

(2)起吊基础结构,在设计的安装位置附近将基础结构下放入水,在基础结构底部距海底 1m 时停止下放,根据定位设备调整水平位置及方位角。

(3)在上述定位指标满足要求后,下放基础结构,对其水平位置及方位角进行最终调整,直至定位指标完全满足规格书的要求。测量基础结构的倾斜度,确定插桩、打桩的顺序。

(4)起桩、插桩,进行第一次打桩。如使用吊桩器,首先安装吊桩器至桩顶部,然后慢慢起桩,注意用方木保护桩尖,采用"水面极轴定位插桩法"将桩插入水下的桩套筒中。如采用在桩上焊接吊点用索具吊桩的方法,插桩完成后,立即切割吊点,将切割吊点处打磨光滑,并请业主确认后再进行打桩。

(5)潜水员利用撑杆(现场制作)将插桩导向拆除。

(6)将打桩锤吊回甲板,连接送桩,安装"水下桩到位指示器",并利用该指示器将桩依次打至设计深度。

(7)测量垂直度经业主确认满足要求后,进行基础结构灌浆作业。

3)YOKE 安装方法

(1)靠驳,挂扣,切割固定,起吊,旋转至船尾。

(2)下放 YOKE 至水面,连接导向钢丝及拖缆。导向钢丝一端连接导向柱,另一端应先穿过 YOKE 导向套筒,然后通过起吊框架上的导向滑轮连接到船上的绞车,见图 8-6-4。

(3)收紧导向钢丝,缓慢下放 YOKE 至距导向柱 1m 处(在索具上做标记来判断是否到位)。

(4)潜水员下水引导 YOKE 就位。

(5)潜水员抽出导向柱固定销后,用导向钢丝将导向柱从基座中抽出吊出水面,下放 YOKE 至海底,潜水员解扣。

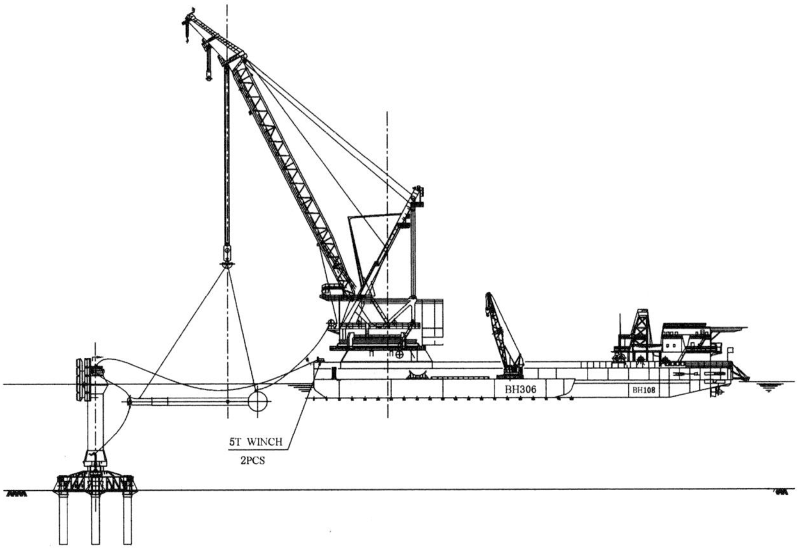

图 8－6－4　YOKE 安装就位图

(6)潜水员安装 YOKE 锁定钢板及斜拉筋的人孔盖,切除导向柱基座。

(7)将压载设备倒至驳船,连接调试。

(8)辅助压载作业。

2. 阶段二:上部结构的安装

海底管道膨胀弯的连接及海底电缆铺设完成后,即可进行上部结构的安装。

(1)工程驳船靠起重船,在外套筒的顶部和底部做标记,将 4 个方孔编号为 1、2、3、4,编号应与内套筒顶部的编号一致。在外套筒下部拴潜水员行动绳。潜水员下水检查旋转平台并进行清理。

(2)挂扣,拆外套筒顶部架子,切割固定,起吊,旋转至船尾。

(3)吊机指挥员站在内套筒顶部指挥外套筒缓慢下放至内外套筒等高。

(4)潜水员下水再次检查旋转平台,引导外套筒缓慢下放至旋转平台上,在潜水员的指挥下用拖缆左右调整外套筒直至安装到位。

(5)焊接内外套筒固定楔块,向抗冰锥体中注水,在内套筒法兰边缘焊接第二导向。

(6)上部结构挂扣,解除固定。

(7)起吊旋转至船尾,下放直至第二导向将上下两个法兰卡在一起,放松索具。

(8)切割上部结构锁定钢板,根据法兰对接情况焊接千斤顶固定支座。

(9)起钩,用千斤顶调整法兰直至所有的螺栓全部安装完成。

(10)用扭矩扳手进行螺栓加力,解吊扣,切除内外套筒固定楔块及第二导向。

三、浮筒式(CALM)

该单点系泊系统一般用于有台风且水深较浅的海域,安装较容易。其主要结构有:锚桩、锚链、基盘、CALM 式浮筒,浮筒靠锚链连接到固定锚桩上,基盘连接海底管道末端与浮筒下的海底软管,见图 8－6－5 浮筒式单点系泊系统布置图。

1. 锚桩的安装

(1)预制打桩框架和送桩等辅助工具。

(2)根据打桩能力选择适合的打桩锤。

(3)施工船上连接送桩和锚桩,配置起吊索具。

(4)在定位系统的引导下,找到锚桩点。

(5)起吊锚桩和送桩,送入打桩框架,并慢慢下放到海底。

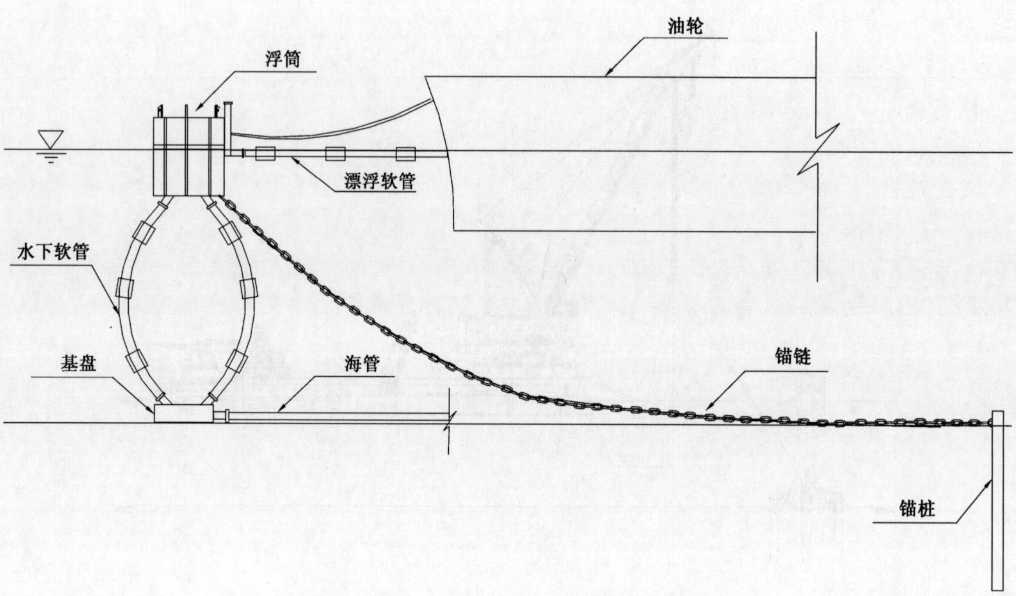

图 8-6-5　浮筒式单点系泊系统布置图

(6)开始打桩，当送桩距泥面 0.5m 时，停止打桩，潜水员水下解除锚桩与送桩的连接。

(7)继续打桩，直至锚桩至设计深度。

2. 锚链连接

当所有锚桩打完后，开始进行锚链的连接。每根锚链分为 9 节。在每根锚桩下水之前，第 1 节锚链就已经预先连接在锚桩上。另一端挂在施工船上，准备连接其他锚链。

(1)将第 2 节锚链在甲板上整理好，用肯特环与第 1 节锚链对接。

(2)在定位系统的引导下向单点中心移船，将锚链拉直，并逐步放入海底，另一端悬挂在船上。

(3)用同样方法连接第 3、4、5、6、7、8、9 节锚链。

(4)连接第 9 节锚链时，在其末端连接浮标，并整个放入海底。

用同样的方法完成其他 5 根锚链的连接。

3. 海底基盘的安装

海底基盘的安装应在锚链连接之前进行。它分为桩基式基盘和重力式基盘两种。

1)桩基式基盘的安装

(1)基盘起吊索具配置。

(2)起吊基盘。

(3)在定位系统指引下，将基盘慢慢下放到海底。

(4)调整基盘方向，基盘最终就位。

(5)在潜水员引导下，插基盘桩。

(6)用打锚桩的方法打基盘桩。

2)重力式基盘的安装

(1)基盘起吊索具配置。

(2)起吊基盘。

(3)在定位系统指引下，将基盘慢慢下放到海底。

(4)调整基盘方向，基盘最终就位。

(5)起吊重力压块，在潜水员引导下，在基盘上摆放重力压块。

4. 浮筒的连接

单点浮筒的连接步骤如下：

(1)装载浮筒的驳船靠起重船。

(2)浮筒挂起吊索具。

(3)索具带劲，切除固定。

(4)起吊浮筒。

(5)浮筒下水。

(6)解除起吊索具，将浮筒用缆绳固定在起重船舷。

(7)对号入座，浮吊小钩挂细长牵引索具，并穿过浮筒锚链孔，潜水员水下拉牵引索具至对应锚链处，并连接。

(8)起重船小钩慢慢起吊，将锚链拉入锚链孔。

(9)用浮筒上的止链器锁住锚链。

(10)重复上述方法连接其余5条锚链。

(11)潜水员水下测量锚链入水角度和浮筒与基盘的相对位置，计算出各锚链应调整的长度。

(12)按计算调整各锚链长度，锁紧止链器，切除锚链多余部分。

5. 水下软管的连接

(1)在甲板上连接水下软管，安装浮子，拴好吊索。

(2)在浮筒顶部预装牵引细钢丝。

(3)起重船1号钩起吊软管，在潜水员引导下将软管下放到浮筒底下。

(4)潜水员将牵引钢丝连接到软管顶部。挂在起重船2号钩上。

(5)解脱1号钩，2号钩慢慢起吊，软管顶部靠近浮筒底部的法兰。

(6)法兰对接，穿螺栓、上垫片，螺栓上紧。

(7)用同样方法连接软管底部与基盘法兰。

重复上述步骤连接另一条软管。

通过试压验证软管连接是否合格。

四、内转塔式(STP)

1. 结构特点

油田井口平台生产的油、水和天燃气通过海底管道混输至海底基盘管汇，再通过连接海底基盘管汇和单点浮筒的柔性立管进入油轮。油轮系泊在单点系泊系统的内转塔式浮筒上，进行油、水和天燃气的分离和处理，并将处理合格的原油存入储油舱，通过穿梭油轮运走(图8-6-6)。

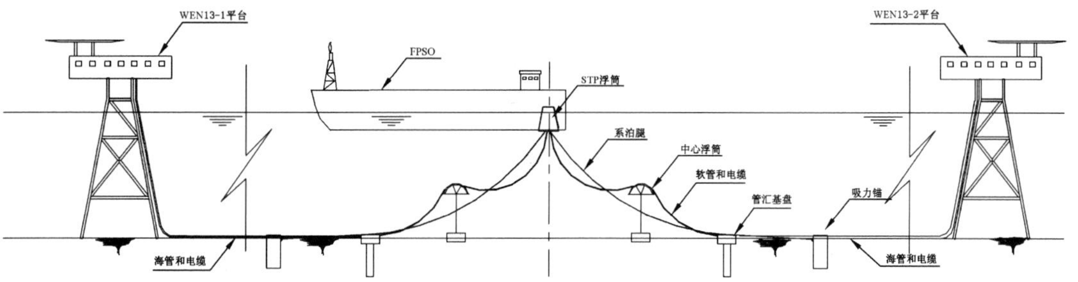

图8-6-6　油田表面工程设施布置图

该系统结构尺寸较大、抗环境荷载能力较强。设计抵抗台风并在百年一遇的海况条件下不解脱油轮，因此系泊腿采用3组×3根的分组布置形式并增加了2×9根100m的配重链(图8-6-7)。

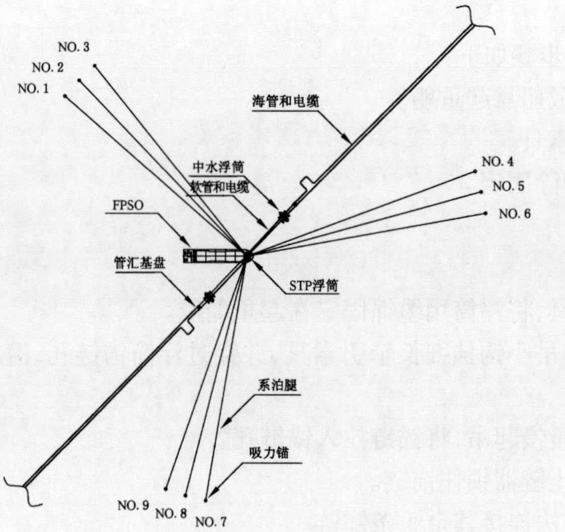

图 8－6－7　内转塔式单点系泊系统平面布置图

2. 系统主要组成

(1)内转塔式系泊浮筒。

(2)9 个吸力锚锚桩。

(3)9 套系泊腿。

(4)两套 MWA 浮筒。

(5)两条柔性立管。

(6)两条动力电缆。

见图 8－6－7、图 8－6－8 和图 8－6－9。

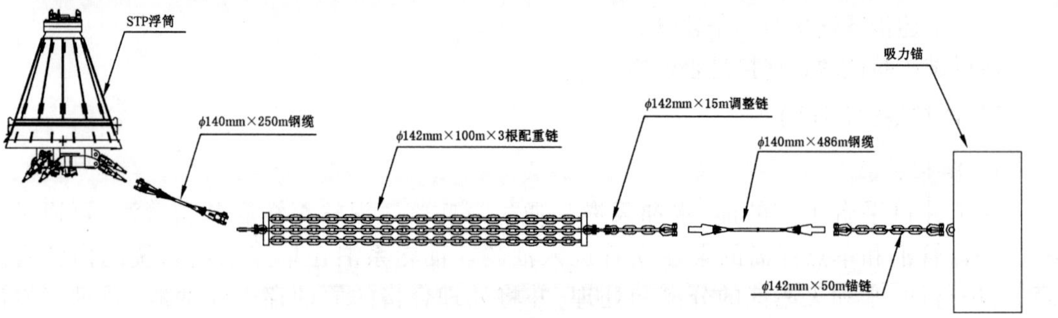

图 8－6－8　系泊腿的组成

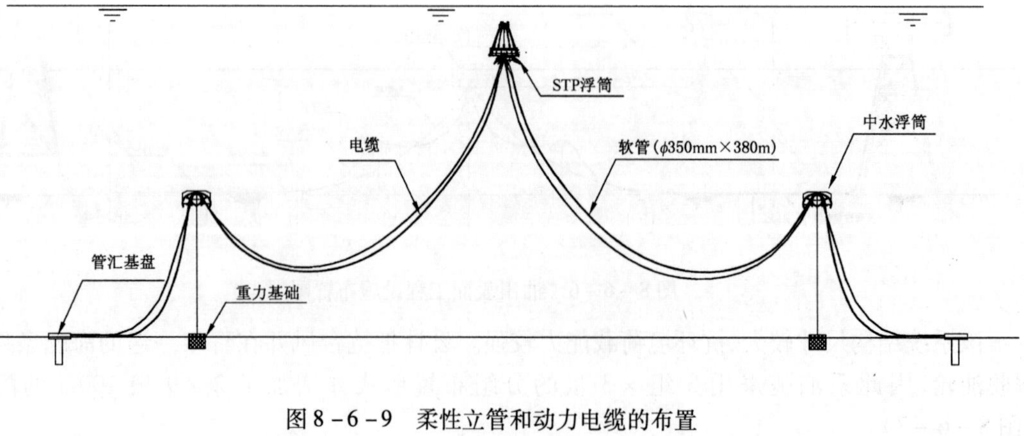

图 8－6－9　柔性立管和动力电缆的布置

3. 吸力锚和系泊腿的安装

内转塔式系泊浮筒（以下简称 STP 浮筒）系泊在 3 组 ×3 套吸力锚和系泊腿上。吸力锚在潜水泵排除其筒内的海水所产生的负压的作用下安装到设计位置。系泊腿由重型锚链和特种锚缆串接组成，由于系统受力大，工作状态复杂，所以安装过程中不允许产生扭矩。

1）安装技术要求

吸力锚安装允许偏差：结构中心平面位置 ±5.0m，锚链连接固定吊点方位角 ±5.0°，吸力锚筒体倾斜（垂直度）2.0°。

系泊腿（锚缆/锚链）铺设允许偏差：锚缆/锚链实际铺设位置相对设计路径 ±10.0m，调整链的长度根据吸力锚的实际安装位置经计算确定。

2）安装方法及吊装作业过程

起重船在吸力锚安装位置处抛锚就位后，工程驳船平靠起重船左舷。工程驳船上装有吸力锚、锚链、锚缆、下水滑道和各种专用施工机具和设备。起重船通过收/放锚缆移船，拖带工程驳船向前移动布设锚链和锚缆，见图 8－6－10 现场安装作业的平面示意图。吊装作业过程见图8－6－11的示意图。

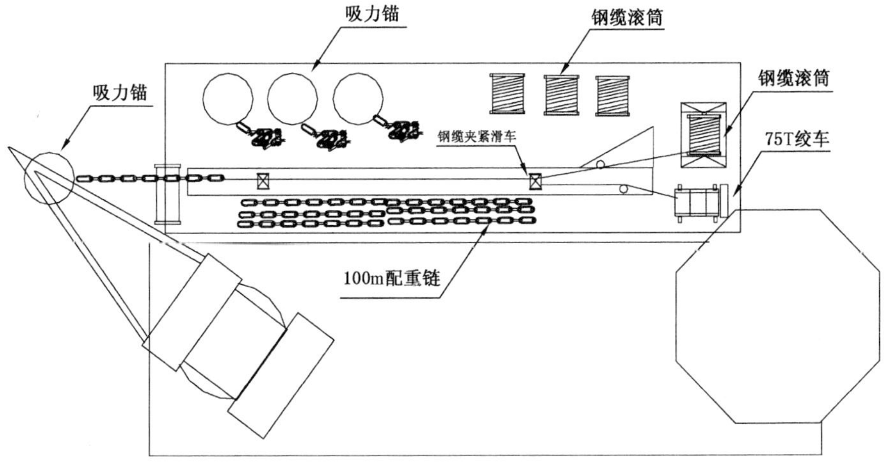

图 8－6－10　现场安装作业的平面示意图

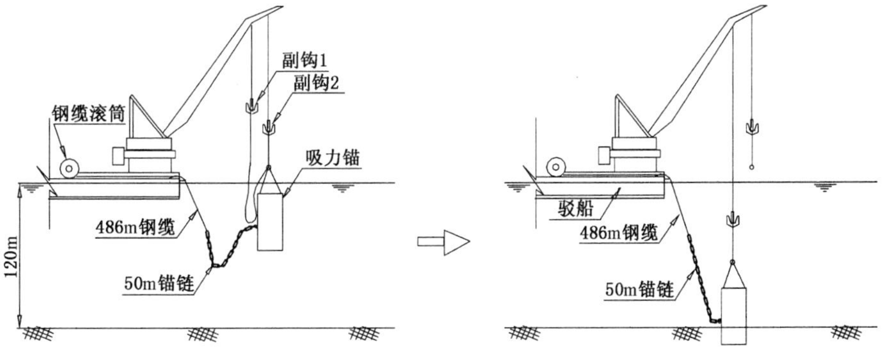

图 8－6－11　双钩吊装吸力锚作业示意图

（1）吊装准备。检查/标记 50m 锚链；将 486m 锚缆从滚筒拉出、放进布缆卡具。

（2）吸力锚挂扣、起吊。使用两个辅钩吊吸力锚、一个主钩吊 50m 锚链。

（3）在设计的安装位置附近，将吸力锚下放入水，在吸力锚顶部距离水面 2m 处停止下放。

（4）使用牵引钩吊装吸力锚安装专用泵撬，安装就位在吸力锚顶部的排水口处。泵撬上同时安装一套水下电罗经和两套倾斜仪。吸力锚上还要安装两套水下定位信标。

（5）下放吸力锚，ROV 水下检查 50m 锚链，如发现锚链有扭转现象，在甲板上立即进行调整。在通过 ROV 再次确认 50m 锚链无扭转现象后，连接 486m 锚缆。

(6)下放吸力锚，调整船位，进行吸力锚安装的初定位。

(7)在吸力锚底部距海底1m时停止下放，用水下定位系统对吸力锚进行精确定位。

(8)调整起重船的艏向，调整吸力锚的方位角。通过水下电罗经进行方位角测定。

(9)ROV水下检查吸力锚安装专用泵撬、泵撬脐带、吸力锚和50m锚链的状态。

(10)在上述定位指标满足要求后，下放吸力锚。使吸力锚靠自重下沉入泥。

(11)吊机保持一定的吊重，必要时调整吊钩位置，使吸力锚的倾斜度符合要求。

(12)在吸力锚入泥2m之后，启动潜水泵，建立负压，下沉吸力锚。

(13)在吸力锚下沉的全过程中，要不断调整吊钩位置和保持一定的吊重，同时分步下放锚链和锚缆，调整和保持吸力锚的倾斜度符合设计要求。

(14)ROV在水下监视吸力锚的入泥情况，在吸力锚的入泥深度达到设计要求后，关闭潜水泵。

(15)ROV对吸力锚的安装结果进行后调查。

(16)使用ROV水下切割吸力锚的吊扣(3根直径50mm/75mm的钢丝绳)。

(17)打开吸力锚安装专用泵撬的液压固定卡具，起钩回收吊装索具和泵撬。

(18)使用水下定位系统对吸力锚的安装位置再次测定后，ROV回收水下定位信标。

3)预拉试验

吸力锚安装就位之后，起重船绞锚移船布设486m锚缆，在486m锚缆的另一端头到达工程驳船艉部时，将长度调整链与486m锚缆头连接，然后用辅钩吊起调整链和486m锚缆头，移交靠在工程驳船左舷的主拖船，准备进行预拉试验。

根据设计要求，在486m锚缆布设之后，在现场要对吸力锚、50m锚链和486m锚缆进行整体预拉试验。整体预拉试验的目的是将已经布设在海底的50m锚链和486m锚缆拉直，以保证下一步浮筒的对接工作能够顺利进行。

整体预拉试验的技术要求如下：

(1)预拉张力140t；

(2)预拉张力保持时间30min。

现场使用两条三用拖船，采用串拖方式进行吸力锚系统的整体预拉试验。在主拖船上安装一个预拉工作平台和一台150t测力仪，486m锚缆通过调整链与150t测力仪连接。辅拖船通过尼龙拖缆拖拉主拖船。两船按程序分步增加拖力，直到测力仪显示的张力达到设计拉力值，然后保持140t拉力30min，记录试验数据。最后逐步减少拖力，结束预拉试验(图8-6-12)。

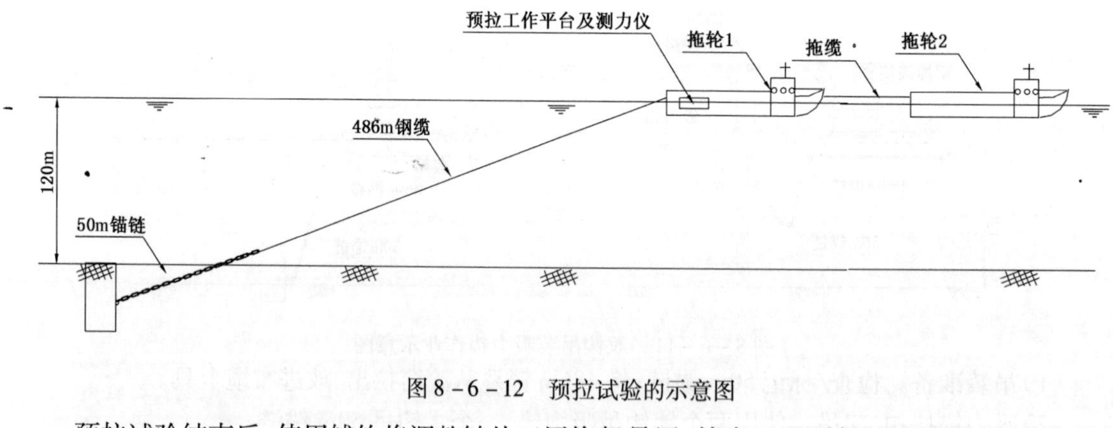

图8-6-12 预拉试验的示意图

预拉试验结束后，使用辅钩将调整链从三用拖船吊回，挂在工程驳船的止链器上，准备进行下一步连接配重链的作业。

4)配重链布设

内转塔式系统的配重链共有9套，每套配重链由3条平行的重型锚链组成，其中一根承重链，两根配重链，每根长度100m，总重量约122t，两端各有一个十字板连接结构，配重链通过调整锚链与486m锚缆连接。设计要求将配重链布设在海底路中规定的范围内，锚链环要拉开，不能堆放，也不能打扭。

由于工程驳船甲板长度的限制，配重链在驳船甲板的滑道上不可能全部展开，因此布设过程中锚链的下滑速度难以控制，锚链下放过程中一旦出现自溜现象将导致锚链布设系统张力失控，其后果是非常危险的。

配重链布设作业的程序：

(1)吊装准备。检查配重链、备好专用卸扣、标记配重链的承重链，确定分段吊的吊点。

(2)使用专用卸扣连接调整链和配重链的十字板。

(3)使用1号辅钩吊配重链的十字板，使用2号辅钩吊配重链的第一分段吊点，将配重链部分吊起。

(4)使用拖拉绞车拉住调整链，起升1号辅钩，将调整链从止链器中拉出。

(5)吊机旋转将配重链的第一分段(每个分段长20m至25m)移出船艉。

(6)下放1号辅钩，起升2号辅钩，直到1号辅钩不受力。

(7)在甲板附近打开1号辅钩所挂吊扣的液压卸扣，解脱配重链的十字板。

(8)ROV水下监视锚缆/锚链着底情况，下放2号辅钩，同时向前移船布设锚链。

(9)1号辅钩在2号辅钩吊点附近挂扣，起升1号辅钩，直到2号辅钩不受力，在甲板附近解脱2号辅钩所挂吊扣。

(10)使用1号辅钩吊配重链的第一分段吊点，使用2号辅钩吊配重链的第二分段吊点，将配重链部分吊起。

(11)循环(6)、(7)、(8)、(9)布设配重链。

(12)在配重链的第二个十字板到达船艉时，使用专用卸扣将250m锚缆与配重链的十字板连接。

(13)使用两个辅钩通过倒钩操作，将配重链的第二个十字板下放到海底。

(14)下放辅钩布设锚链/配重链时，ROV水下监视着底情况，同时向前移船布设。

(15)十字板下放到海底后，打开液压卸扣，回收吊索具。

(16)向前移船布设250m锚缆，ROV水下监视。

(17)安装水下回收扣，使用两个辅钩通过倒钩操作，将锚缆头放入到海底。

根据安装工艺的需要，7号、8号和9号系泊腿不预装250m锚缆。水下回收扣安装在配重链的第二个十字板上。配重链双钩吊装布设方法示意图见图8-6-13。

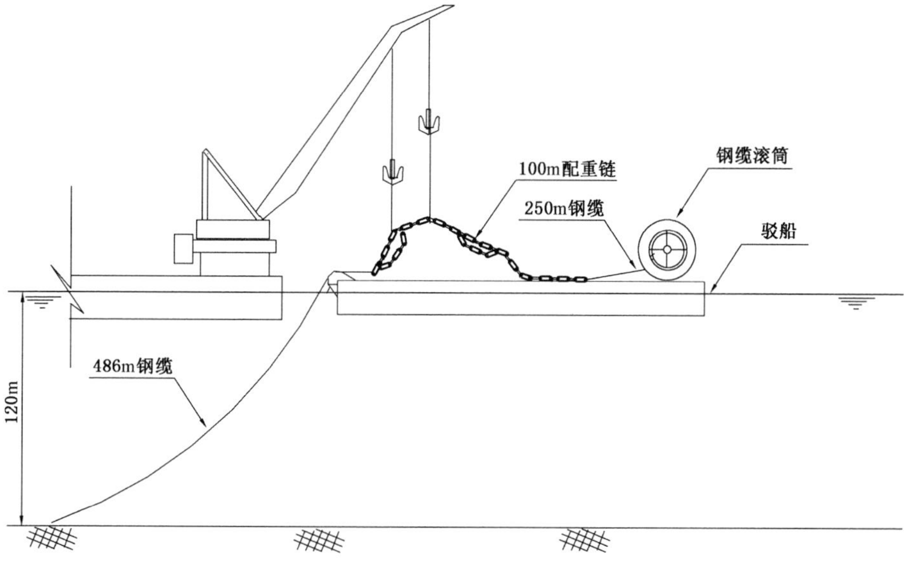

图8-6-13　配重链双钩吊装布设图

4. STP 浮筒的安装

STP 浮筒的安装是将已布设在水下的 3 组 ×3 套系泊腿与 STP 浮筒的中心轴结构连接。现场安装受到设备能力、天气和海况的影响较大,应考虑已铺设/安装在工作区域海底的海底管道/各种基盘和水下定位系统信标网对船舶就位和抛锚的影响;

STP 浮筒中心位置的安装允许偏差为 +5.0m。

1)安装方法

STP 浮筒的安装分成两个阶段。

(1)STP 浮筒在工程驳船上与 1 号至 6 号锚缆连接,然后吊放下水。

在 STP 浮筒安装期间,两条起重船前后错开在工程驳船就位的上风方向抛锚就位,两船相距 50m 至 100m。装载 STP 浮筒的工程驳船到达作业现场后,系泊在两条起重船之间。一条起重船负责水下回收锚缆头,并将锚缆头按照编号挂在工程驳船两舷的支架上;另一条起重船负责将锚缆头按照编号与 STP 浮筒的中心轴结构连接。

现场典型作业的平面图见图 8-6-14。

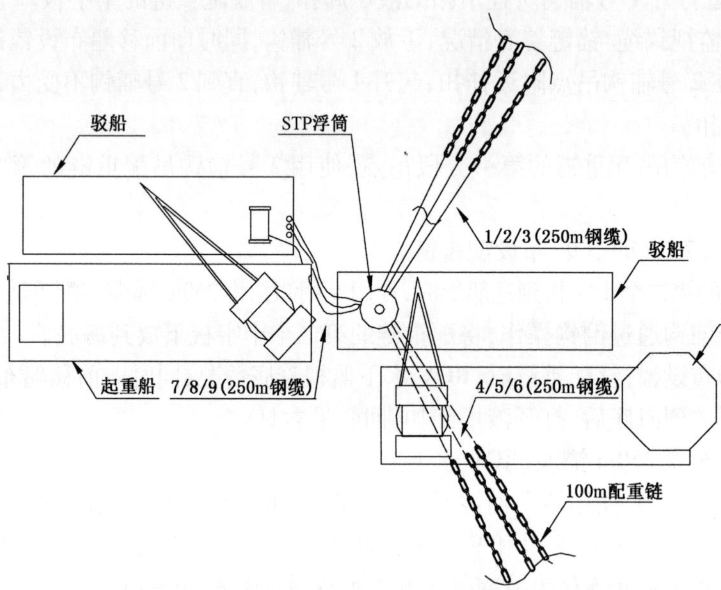

图 8-6-14　STP 浮筒连接 1 号至 6 号锚缆

(2)STP 浮筒下水后,对接 7 号、8 号、9 号锚缆和配重链。

① 将主作业船由工程驳船改成起重船,安排工程驳船撤离施工现场。

② 将原安装在工程驳船上的对接平台安装在起重船右舷,实现单船作业。

③ 取消使用 400t 线性绞车对拉方案,使用起重机吊钩进行对拉。

④ 在对接之前,使用大功率拖轮,预拉浮筒,减少对接难度。

⑤ 改变对拉顺序,先挂配重链,后拉锚缆上对接平台。

⑥ 增加一条起重船配合,起吊水下的配重链,配合配重链回收,减少对接拉力。

⑦ 对接时,使用大功率拖轮拖拉浮筒(110t 拉力),减少对接拉力。

现场典型作业的平面示意图见图 8-6-15。

2)锚缆连接

锚缆连接的工作,包括 1 号至 6 号锚缆从海底回收后与 STP 浮筒连接、7 号至 9 号的 250m 锚缆与浮筒连接,连接作业的程序如下:

(1)两条起重船按顺序先后抛锚就位,保持一定的距离,系好回头缆。

(2)装载 STP 浮筒的工程驳船靠近起重船,带缆系泊。

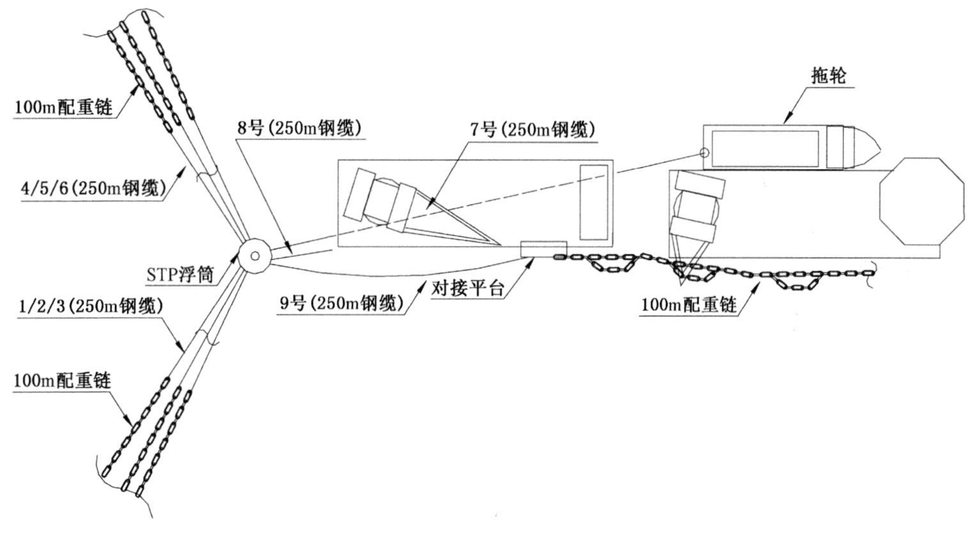

图 8-6-15　7 号、8 号、9 号锚缆和配重链对接平面图

(3)使用辅钩利用液压卸扣,在 ROV 的引导下,水下回收锚缆头。

(4)将锚缆头吊出水面,挂在工程驳船舷边的专用支架上。

(5)按设计要求,使用连接销,将锚缆头与 STP 浮筒连接。

(6)装载 3×250m 锚缆的工程驳船靠起重船,带缆系泊。

(7)布设 3 根 250m 锚缆,将锚缆头拉上 STP 浮筒的工程驳船。

(8)按设计要求,使用连接销,将 3 个锚缆头与 STP 浮筒连接。

(9)将 3 根 250m 锚缆的另一头吊起,挂在起重船的艉部。

(10)装载 3×250m 锚缆的工程驳船撤离。

3)STP 浮筒吊装

浮筒吊装的工作,包括挂扣、起吊、工程驳船撤离、浮筒下放入水和解钩等。吊装作业程序如下:

(1)使用 3 根专用索具在浮筒上部挂好。

(2)起钩带力后,解除浮筒的装船固定。

(3)吊起浮筒,解除各锚缆的临时固定。

(4)浮筒起吊至规定高度。

(5)使用绞车将 6 根锚缆从导向架拉上下水滑道。

(6)牵引工程驳船,将工程驳船从浮筒下抽出。

(7)吊机下放浮筒,同时调整起重船位置。

(8)浮筒入水后,靠浮力漂浮。

(9)吊机摘扣,回收专用索具。

4)系统连接

系统连接的工作,包括浮筒的预拉,7 号、8 号、9 号锚缆分别与 7 号、8 号、9 号水下配重链的对接。系统连接作业程序如下:

(1)主起重船移船调整锚位,在准备回收的配重链位置就位。

(2)辅起重船在主起重船的上风向抛锚就位,船艏向相同。

(3)大功率拖轮靠辅起重船,挂 7 号锚缆拖拉浮筒(拖力 110t)。

(4)主起重船在 ROV 的引导下,使用液压卸扣在水下挂十字板的回收扣。

(5)辅起重船由潜水员在水下挂扣。

(6)两船分步起吊,调整船位,将配重链吊起。

(7)主起重船将十字板吊出水面,放入对接平台和上止链器。

(8)辅起重船保持一定的起吊吨位,配合作业。

(9)主起重船向浮筒方向移船,拖拉配重链。同时使用拖拉绞车将9号锚缆头向对接平台牵引。

(10)将9号锚缆头的拖拉缆穿过挂在十字板上的导向后,挂在辅钩上,起吊辅钩,进行锚缆和配重链对拉;同时,拖轮向吸力锚方向拉浮筒。

(11)将9号锚缆头拉上对接平台,装在液压调整卡具上。

(12)操作液压调整卡具,将锚缆头与配重链的十字板对接,装上连接销。

(13)主起重船两个辅钩挂扣,将锚缆头与配重链的十字板吊起,移出对接平台,倒钩下放,将配重链放置海底,打开液压卸扣,回收吊索具。

(14)辅起重船配合主起重船下放配重链,吊重回零后,水下摘扣,回收索具。

(15)使用相同的施工方法,对接8号锚缆和配重链。

(16)采用类似的施工方法(不再使用拖轮拖拉STP浮筒),对接7号锚缆和配重链。

(17)ROV水下后调查,检查每根锚缆的状况和配重链的着底情况。

(18)两起重船分别按程序起锚、移船,准备后续海上作业。

现场典型对接作业的示意图见图8-6-16。

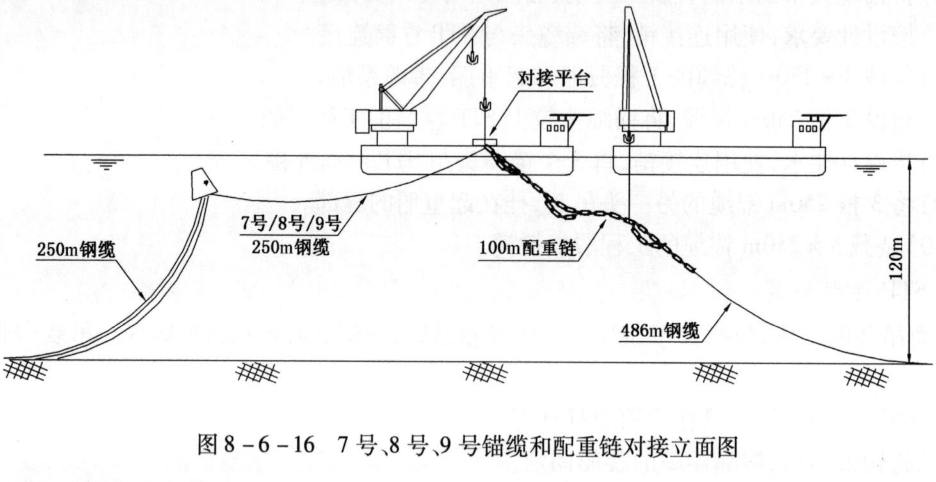

图8-6-16 7号、8号、9号锚缆和配重链对接立面图

5. MWA浮筒的安装

MWA浮筒由重力式基盘、配重块、连接链和浮筒组成,安装后在水中具有一定的浮力,其作用是在固定位置托住柔性立管和动力电缆,使柔性立管和动力电缆在随STP浮筒运动的过程中,能够保持一定的曲率和形状,满足STP系统动态使用的要求。MWA浮筒可以在潜水员的配合下安装,也可以依靠ROV的引导进行安装,不同的安装方法所需要的施工机具和连接固定方式不同。

MWA浮筒中心位置根据STP浮筒实际位置确定,安装允许偏差±1.0m。

1)重力式基盘安装

(1)在重力式基盘上安装水下定位信标和水下电罗经。

(2)重力式基盘挂扣、起吊、下水。

(3)在基盘距泥面1m时,进行精确定位。包括平面坐标和方位角。

(4)就位误差满足要求后,基盘下放就位。

(5)水下摘扣,回收吊索具,回收水下定位信标和水下电罗经。

2)浮筒吊装、就位

(1)在甲板上组装浮筒、连接链和配重块。

(2)挂扣、起吊、下水,调整好浮筒的方向。

(3)在配重块接近基盘的导向柱时,使用拖拉绞车调整方位。

(4)将基盘的高位导向柱插入配重块的导向环。

(5)调整配重块的方位,将基盘的低位导向柱插入配重块的另一个导向环。

(6)下放配重块,将配重块放入基盘的箱型槽内。

(7)水下摘扣,回收吊索具。

(8)配重块和基盘进行水下固定。

(9)ROV 水下后调查。

6. 柔性立管的安装和连接

1)概述

柔性立管是连接 STP 浮筒和水下管汇的一根跨接软管。两端用法兰连接,中间固定部位搭在 MWA 浮筒上。柔性立管的特殊结构使其可以承受波浪、海流等动态荷载的长期作用,因此设计方面对安装后柔性立管的初始形状有严格的要求。

柔性立管的安装和连接工作主要由潜水员在水下完成,一条起重船提供潜水作业支持和布设软管等辅助作业。柔性立管从 STP 浮筒经 MWA 浮筒到海底管汇基盘,要求潜水员在安装和连接柔性立管的作业过程中,在 3 个不同的作业水深连续工作:

(1)STP 浮筒底部,水深 35m。

(2)MWA 浮筒上部,水深 55m。

(3)海底管汇基盘,水深 120m。

按照常规的饱和潜水作业方法,潜水员可以从水深 35m 开始作业,接着下潜到水深 55m 作业,最后在水深 120m 作业,完成一套柔性立管/海底电缆的安装。在完成一套柔性立管/海底电缆的安装之后,潜水员要经过减压才能再从水深 35m 开始进行下一套柔性立管/海底电缆的安装。根据潜水作业规程,这种减压作业需要 3d 至 4d 的时间。

2)安装方法

(1)起重船装载柔性立管滚筒,在 STP 浮筒附近抛锚就位。

(2)在 STP 浮筒的管道内预穿牵引扣,在 STP 浮筒下安装水下施工平台。

(3)将柔性立管 STP 侧法兰接头从滚筒上放出,摆放在下水滑道上。

(4)安装施工索具,吊扣和排气阀门及防护罩。

(5)吊柔性立管 STP 侧法兰接头下水。

(6)操作柔性立管滚筒,放出软管。

(7)将柔性立管 STP 侧法兰接头挂在 STP 浮筒上。

(8)使用牵引扣挂柔性立管 STP 侧法兰接头。

(9)牵引柔性立管法兰接头与 STP 浮筒法兰对接。

(10)法兰对接、穿螺栓、安装密封垫圈。

(11)使用液压扭矩扳手,上紧法兰螺栓。

(12)连接排气软管,固定排气阀门及防护罩。

(13)起重船移船布设软管,在 MWA 浮筒位置就位。

(14)按设计要求在软管上安装固定卡具,小钩吊放下水。

(15)ROV 引导将固定卡具放入 MWA 浮筒的固定位置,潜水员用卡子和螺栓固定。

(16)起重船移船布设软管,在海底管汇基盘的位置就位。

(17)吊柔性立管海底管汇侧法兰接头下水,进行法兰对接。

(18)法兰对接、穿螺栓、安装密封垫圈,使用液压扭矩扳手,上紧法兰螺栓。

(19)ROV 进行水下后调查。

柔性立管和电缆安装典型图见图 8-6-17。

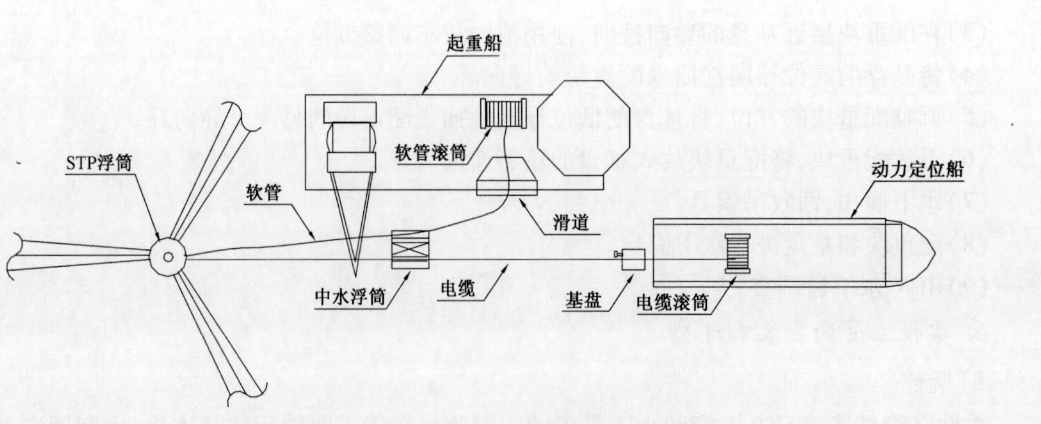

图 8-6-17　柔性立管和电缆安装

7. 海底动力电缆的铺设和连接

1)概述

海底动力电缆的铺设和连接,使用了一条起重船、一条动力定位船以及 ROV 和饱和潜水等专用设备。动力定位船负责电缆铺设;起重船负责潜水支持、电缆在 STP 浮筒、MWA 浮筒、海底基盘和井口平台的安装与连接等工作。

2)安装方法

(1)动力定位船安装电缆铺设张紧器、电缆滚筒及驱动支架、导向及辅助设施。

(2)起重船在 STP 浮筒附近抛锚就位。

(3)STP 浮筒内电缆护管穿牵引缆,水下安装准备。

(4)动力定位铺缆船艉部靠近起重船艏,放出电缆头和聚脂抗弯护管。

(5)电缆头安装牵引吊扣、抗弯护管上安装尼龙吊带、限位卡子和浮袋。

(6)放电缆头和抗弯护管入水 60m,牵引吊扣挂起重船辅钩。

(7)继续放出 50m 电缆,同时吊电缆头至水面,使电缆在水中成 U 字型。

(8)由辅钩牵引,潜水员将电缆头挂在 STP 浮筒的底部,并与护管内牵引缆连接。

(9)提升牵引缆,将电缆头穿入护管,拉到 STP 浮筒顶部穿销子固定。

(10)潜水员使用导链对接抗弯护管,安装固定螺栓。

(11)动力定位铺缆船移船布缆,在电缆上安装 MWA 浮筒固定卡具。

(12)起重船移船在 MWA 浮筒附近就位。

(13)起重船辅钩吊起电缆上的固定卡具,进行电缆在 MWA 浮筒的安装。

(14)在 ROV 引导下,将固定卡具放入 MWA 浮筒上的固定卡子内。

(15)潜水员安装固定卡子和螺栓。

(16)动力定位铺缆船移船布缆,在电缆的定位卡箍两侧安装聚脂抗弯护管。

(17)起重船移船在海底基盘附近就位。

(18)起重船辅钩吊起电缆上的定位卡箍,进行电缆在海底基盘的安装。

(19)在 ROV 引导下,将定位卡箍放到海底基盘附近。

(20)潜水员使用导链调整定位卡箍的位置,将定位卡箍放入海底基盘的卡具,安装固定卡子和螺栓。

(21)动力定位铺缆船航行铺设电缆(平均每小时铺设 600m)。

(22)在井口平台电缆 J 型管附近将电缆终端系上回收浮标放至海底。

(23)起重船在井口平台抛锚就位,打捞回收浮标和电缆头。

(24)将井口平台电缆 J 型管内的牵引钢丝绳与电缆头连接。

(25)使用起重船小钩牵引电缆头至海底 J 型管喇叭口附近。

(26)用绞车提升牵引钢丝绳,将电缆拉入J型管。

(27)潜水员在水下监视,调整电缆的位置,保证电缆顺利穿进J型管。

(28)电缆头拉上平台,留出布线、接线头和性能试验所需的长度,临时固定。

(29)在平台上安装电缆悬挂固定法兰。

(30)处理电缆接头,进行电缆性能试验。

第二节 船舶和机具

一、起重船

根据单点结构的重量、尺度,安装地点的环境条件和起重作业船的主要技术性能,适应作业的海域,选择起重作业船。该起重船甲板要有足够的面积,以便放打桩锤、发电机、空压机、电焊机、潜水设备和施工材料,并具备能住单点结构安装的施工人员和有相应的生活设施。

二、运输驳船

装运单点结构运输驳船的选择与单点结构的装船方式有关,一般要考虑驳船适航的海区,驳船甲板面积、载重量、排水量、吃水等要满足要求,甲板强度能适合装运单点结构。

三、辅助作业船

1. 调查船

能满足单点结构安装地点、水深、地貌调查任务,有一定精度的调查设备(水深测量仪、旁侧声纳或地层剖面仪)。

2. 拖轮

为主要作业船(起重船)拖航,抛、起锚并有一定的供油、供水能力的三用工作船。它在正常拖航条件下,功率应达到拖起重船航速6~8n mile,系桩拉力要满足拖航力的要求,并能为主作业船进行起抛锚作业。

为运输单点结构驳船配套的拖轮。它的拖力能使驳船的拖航速度达到6~8n mile,并在规范要求风流速下能保证前进速度为正,并有艏推进器,便于它傍拖驳船靠主作业船。

3. 供应及交通船

该船的马力不必很大,能满足运送油、水、材料和接送少量人员即可。

四、专用作业机具

单点结构安装专用机具主要有:打桩锤、灌浆机和工作型ROV等。

第三节 计 算 分 析

对单点结构应进行以下分析计算。

一、单点系泊结构吊装分析

软钢臂结构包括单点导管架、TURN TABLE 、TOPSIDE、YOKE 、MSS 等结构,对于结构的吊装分析都可以作为钢结构采用海洋工程结构分析软件进行吊装时的强度分析。模拟结构和进行计算分析的方法参照第四章导管架。对于浮筒的强度分析,一般由设计方提供设计计算。

二、单点系泊结构驳船运输稳性分析

单点系泊结构装船运输时,驳船的运输稳性分析参照第四章导管架。

三、装船固定局部强度校核

根据单点系泊结构装船图,参照第四章导管架装船时的临时固定方式,进行装船固定校核。

四、驳船局部强度校核

参照第四章导管架装船运输时的驳船局部强度校核。

第七章 沉箱的安装设计

沉箱是海上平台基础的一种，某油田采用圆台封闭形钢结构，并使用桩基固定，沉箱圆周侧壁设计为双层钢板，内外壁间距不小于800mm，在内、外壁夹层中浇注混凝土以增加自重和增强抗冰能力。沉箱结构的主要特点是抗冰性能好，为了减少对沉箱的破坏作用，沉箱从▽－1.5m到▽＋6.5m做成斜面，斜面的坡度在58°左右，▽－1.5m以下直径与沉箱下底的直径相同。

第一节 运 输

沉箱运输的方法主要有湿拖和干拖，运输方法的选择主要是根据沉箱的特性，从沉箱制造场地到沉箱安装地点距离的长短，路途经过海区的海况条件的复杂程度加上安装季节的气候条件来决定的。沉箱的尺度和性能适合拖航条件，拖航距离较短，在拖航时间内容易找到连续好天气情况下，采用湿拖法较为适宜。长距离运输一般采用半潜驳船拖拉装船，用拖轮拖半潜驳船航行（即干拖法）。拖到沉箱安装地附近适合半潜驳船能进行下潜作业，将沉箱从半潜驳船拖下水，然后在将沉箱拖到设计的安装地点，再进行安装。

一、湿拖法

湿拖法是靠沉箱自身浮力将其拖到安装地点的方法，沉箱体积较大，虽有一定的自重，浮力仍可将大部分箱体浮在水面上，一般情况下不须进行压载，它的吃水就能满足拖航要求，所谓湿拖法就是沉箱漂浮在水面，用拖缆将沉箱与拖轮的拖缆连接起来，用拖轮拖着航行。

1. 湿拖法准备工作

(1)沉箱顶部要设有卫星定位系统。

(2)沉箱顶部的锚机系统一定可靠好用。

(3)沉箱的压载系统要配备齐全，拖航前要检查海底阀保证开关灵活，压载泵试泵，确保能用。

(4)沉箱拖航时，沉箱顶部两侧都要安装障碍灯。

(5)沉箱的拖缆应有证书，并要适当地固定。

(6)沉箱湿拖法拖航一定要有连续2～3d的好天气，拖航风速应在10m/s之内，浪高不应大于1m。

(7)沉箱拖航应有两条拖轮，一条做为主拖、一条为辅拖（兼应急备用），拖轮的马力应与沉箱拖航所需的拖力与速度相匹配。拖航速度不应小于4n mile/h。

(8)在沉箱湿拖安装前，要安排调查船对安装地点、半径200m之内进行地貌、水深等调查，除业主有特殊要求外（一般地貌调查包括水深仪、浅地层剖面仪、旁侧声纳等内容）。安装地点地面不平整有较大的坑时，要事先对地基进行处理（例如抛砂等）。预先在安装地点抛位置指示标。

(9)沉箱建造完工后，对沉箱的海底门和压、排载系统进行试验、确保有效适用。经过业主和第三方检验机构认可具备拖航条件后，方可进行拖航工作。

① 拖航所用拖轮及拖缆的各种证书必须齐全有效；

② 拖航前必须得到气象部门预报有连续2～3d的好天气方可进行拖航作业；

③ 拖航前必须有可实施的拖航应急程序；

④ 拖航前要通过港监发布航行通知；

⑤ 事前拴好备用拖绳，然后放在沉箱顶部拴好尼龙缆加浮标放在海里；

⑥ 事前要制订拖航计划，成立拖航小组，由专人负责；

⑦ 以上条件具备后，挂上拖轮开始拖航。

2. 运输

准备工作完成后经业主和第三方检验机构认可具备拖航条件，方可进行拖航工作。

(1) 拖航所用拖轮的各种证书必须齐全有效；

(2) 事前要拴好备用拖缆；

(3) 拖航前要制订拖航计划、报海事局批准；

(4) 拖航前要接收气象预报，确信无6级以上大风的情况方可拖航；

(5) 拖航前要通过海事局发布航行公告；

(6) 拖轮要报海事局进行拖航检验，等海事局发放检验证书后方可进行拖航。

二、干拖法

1. 准备工作

(1) 要有一个能装载沉箱的半潜驳船；

(2) 沉箱顶部配备的设备与湿拖法相同；

(3) 在沉箱安装地点附近能找到适合半潜驳船下潜作业的水域；

(4) 拖航时气象条件要在6级风以下，浪高3m以下；

(5) 半潜驳船装滑道和拖拉滑移系统；

(6) 拖半潜驳船的拖轮要有足够的动力，拖航速度不低于6节。半潜驳船安装滑道及拖拉滑移系统；

(7) 进行半潜驳船在沉箱拖拉滑移过程的压、排载计算分析；

(8) 将沉箱拖拉滑移装上半潜驳船，并进行固定；

(9) 对半潜驳船进行拖航稳性计算分析；

(11) 制定拖航程序和应急程序；

(12) 对半潜驳船在安装地点附近的下潜作业地点进行调查并选择；

(13) 事先要检查好沉箱的拖缆，以使沉箱从半潜驳船上下水后，拖轮的拖缆好与沉箱的拖缆相连接。

2. 运输

沉箱拖拉滑移装上船后，按设计图纸要求进行固定。经业主和第三方检验机构认可具备拖航条件后，方可进行拖航工作。

(1) 拖航所用拖轮和半潜驳船的各种证书必须齐全有效；

(2) 半潜驳船要事前拴好备用拖缆；

(3) 航前要制订拖航计划、报海事局批准；

(4) 拖航前要接收气象预报，确信无6级以上大风的情况方可拖航；

(5) 拖航前要通过海事局发布航行公告；

(6) 半潜驳船和拖轮要报海事局进行拖航检验，等海事局发放检验证书后方可进行拖航。

以上条件都已具备，即可用拖轮拖上半潜驳船起航。

3. 沉箱下水

当拖轮拖半潜驳船到达事前调查好的半潜驳船下潜地点附近时，要根据当时当地的情况决定是否进行半潜驳船的下潜作业。

1)半潜驳船下潜应具备的条件

(1)风速不大于10m/s,浪高小于1m;

(2)半潜驳船到下潜作业地点后,要抛锚稳住;

(3)拖沉箱的拖轮的拖缆与沉箱的拖缆连接起来;

(4)在决定半潜驳船下潜时,半潜驳船与沉箱之间的固定支撑必须全部切断,并派专人检查,确认完全切断后,方可进行下潜作业。

2)浮箱浮起及拖走

(1)当半潜驳下潜到一定深度后,沉箱即可浮起来,这时拖轮就可以将沉箱拖走,拖到沉箱安装地点;

(2)当沉箱拖走后,半潜驳船即可排载上浮,达到空载吃水时,拖轮将其拖起复员。

第二节 船舶和机具

一、起重船

根据沉箱设计的桩长、重量和最远的桩到起重船转塔中心的距离,和打桩锤的重量,结合起重作业船的吊重曲线和吊高曲线,和海区的环境条件来选择合适的起重作业船,该起重船甲板要有足够的面积,以便放打桩锤、灌浆机、发电机、空压机、电焊机、潜水设备和施工材料,并具备能够居住安装沉箱的施工人员和相应的生活设施。

二、运输驳船

选择有足够的面积和载重量的驳船,以便装载沉箱所用的桩、隔水导管。同时要考虑驳船的各种证书适应拖航海区,证书齐全有效,如果一条驳船不能满足要求,也可考虑用两条驳船。

三、沉箱安装

所用辅助船和专用工具与导管架安装基本相同。

第三节 计 算 分 析

一、湿拖法

(1)拖航稳性分析。

(2)拖力计算。

(3)打桩分析。

二、干拖法

(1)装船调载计算。

(2)驳船强度校核。

(3)拖航稳性分析。

(4)装船固定强度计算。

(5)拖力计算。

(6)沉箱下水分析。

(7)打桩分析。

第四节　安　装

一、准备工作

(1)沉箱安装前一定要用调查船对安装地点进行预调查,调查的内容为:水深、海床基本情况、是否有碎石、废弃物和其他障碍物,如果有应该将其清除。地貌是否有大坑和不规则地形,如果有应该进行抛砂,并将地形平整,保证沉箱安装要求。调查的范围和调查的技术要求类同导管架安装的要求。

(2)在沉箱安装地点抛位置指示标,以便拖轮按设计的就位将沉箱拖到指定位置。

二、沉箱就位

沉箱就位可在主作业起重船抛锚之前就位,而后再让主作业船起重船抛锚就位;也可让主作业起重船先抛锚就位后,主作业船后移让出沉箱就位的位置使沉箱就位。无论采用哪种方式,就位都要事先设计好沉箱抛锚长度和准确地点,以及主作业船的抛锚角度、长度和准确地点。

1. *沉箱抛锚*

沉箱抛锚一般为4个交叉锚,要确定抛锚位置,锚位准确度要求不必太高。这种锚位便于沉箱就位方位的调整如图8－7－1。

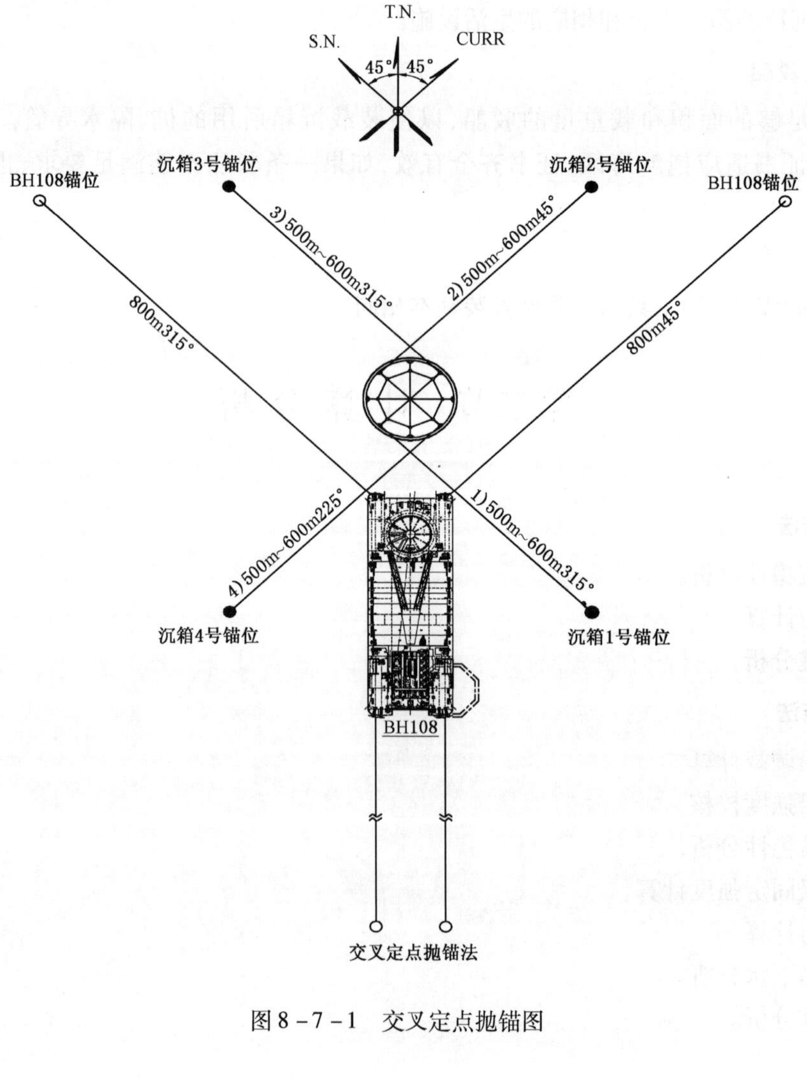

图8－7－1　交叉定点抛锚图

2. 抛锚方法

(1)当沉箱拖到安装点附近时,安装作业施工人员都要登上沉箱顶部指挥并实施沉箱的就位工作,起动定位设备、锚机等。解脱辅拖,让主拖拖轮按沉箱设计的就位方向将沉箱拖入现场,当沉箱的实际位置距安装地点1~2n mile时,拖轮减速航行,当距实际位置800m,用辅拖拖轮将沉箱上与主拖船航行方向相反的锚抛下,抛锚地点应符合设计要求。

(2)当沉箱与实际安装位置距离50m左右时,主拖船减速使沉箱保持相对稳定不动,将沉箱上与主拖拖轮航行方向垂直的两个侧锚抛下,抛锚地点应是设计位置。

(3)沉箱上的3个锚抛下后,解脱主拖船,然后再将第4个锚按设计地点抛出。

(4)调整沉箱上4个锚缆,将沉箱调整到设计安装位置和方位。

3. 沉箱的精确定位

当定位仪器显示沉箱的位置与设计安装位置及方位相符(或者在技术规格书允许误差之内时)开始插定位桩,并进行压载,压载工作一定根据当时的潮位,按设计的压载程序进行。

4. 打桩、打隔水套管

(1)当沉箱就位后确定沉箱的安装位置及方位都在允许误差之内时,插上定位桩后,抓紧时间将定位桩打下,以便使沉箱有足够的力抵抗风浪流对沉箱造成的冲击。

(2)打完定位桩后,可根据桩数量的多少,决定其他桩是分组打还是一次集中打。由于受焊工人数的限制一次接桩最好不超过4~5根桩,根据这一原则来决定打桩的分组情况。

(3)将全部桩打完后,可安装间隙板(沉箱高程的控制见后边一节)。

(4)间隙板安装完毕后,插打隔水套管,隔水套管可采用集中插入的方法,当第一段隔水套管打到预定标高后对接第二段隔水套管,进行焊接、检验合格后一次集中打下,这样可以节省起放打桩锤的时间。

5. 沉箱的高程和水平度的控制

(1)当打桩作业完成后,就要根据安装技术规格书的要求调整沉箱的高程和水平度。根据当时的潮汐情况,推算沉箱顶部某一指定点的标高,是否满足要求,如不满足可采用两种方法进行处理。

① 沉箱顶部标高,大于设计高度时,可打开海底门向沉箱舱内灌水,灌入哪个舱、灌多少水都要根据计算进行(设计对此有若干种计算结果可供选择)现场要不断测量沉箱顶部标高(在桩上可事先做上标记)当标高满足要求时,停止灌水测量沉箱的水平度,不满足设计要通过调整沉箱内外舱的压水量。将低处舱内的水、排入高处舱内,这样反复进行几次,可达到调平的目的。

② 沉箱顶部标高低于设计标高时,打开装在沉箱舱内的若干台潜水泵向沉箱外排水,当沉箱顶部标高达到设计要求时,停止排水。再测量沉箱的水平度。如不满足要求,再调整沉箱内外舱的压水量。来使沉箱的水平度满足设计要求。

(2)当沉箱的高程和水平度都满足设计要求时,可用临时筋板将桩与沉箱进行固定,筋板数量和长度都经过计算保证不会被破坏。也可直接组织人力集中安装定位桩的间隙板。定位桩的间隙板安装完后,即保证了沉箱的稳定和安全。

(3)定位板的间隙板安装后,再安装其他桩的间隙板。

6. 沉箱的灌浆工作可按导管架的灌浆程序进行

(1)在沉箱安装工作开始前,根据安装技术规格书中对灌浆的要求,选择合适的水泥。选择的标准依据按规格书中要求的水泥浆的相对密度,水泥试块1d、3d、7d和28d的抗压强度要求,选择水泥生产厂家和牌号要求厂家提供试验报告,准备灌浆的水泥用量为理论用量的1.5~2倍。

(2)沉箱安装要准备一定量的建筑粗砂,砂的用量根据桩与导管的间隙而定,一般考虑砂在导管的高度为0.5~1m即可。填砂作为水泥浆打底用。在灌浆打底前先将砂子倒入导管与桩的环形空间、然后灌入少量的水泥浆进行打底。

(3)灌浆打底的高度大约为环形空间的2~3m高为宜。打底24h后,再进行正式灌浆工作。

(4)正式灌浆前可先将海水打入灌浆管线进行试验,看环形空间是否返水上来,以此来判断打底是否有效。试验不漏后进行正式灌浆工作。

7. 附件安装

沉箱安装主要工作完成后进行附件安装,这期间要注意保护沉箱的油漆,最后对沉箱进行补漆,清扫卫生。

第八章 海底管线安装设计

第一节 安装方法

海洋石油开发工程中的海底管道主要用于输送油、气、水等介质，管道结构形式可以分为：单层管、双层管和管束，管道的材料可采用钢质材料和复合型材料。

海底管道安装方法主要有铺管船法和拖拉法。

铺管船法是利用安装在铺管船上的专用设备进行海底管道安装的方法。根据管道铺设方式和在水中的形状又分为S形铺管法，J形铺管法和卷管法（图8-8-1、图8-8-2、图8-8-3）。

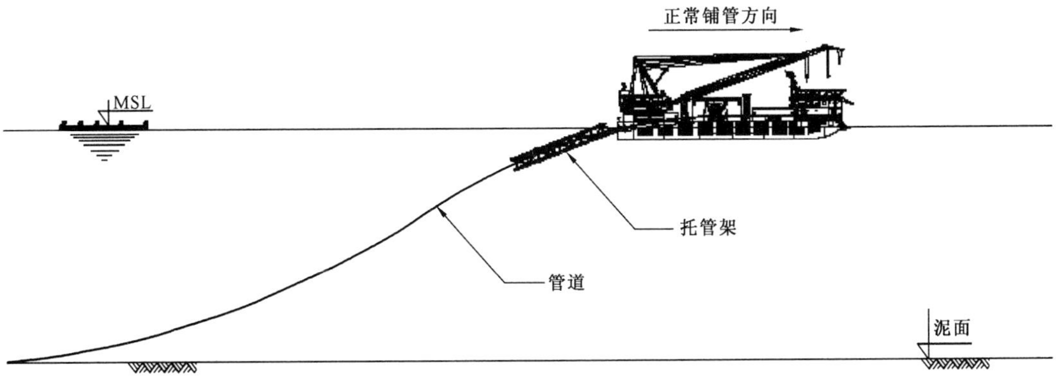

图8-8-1 S形铺管法

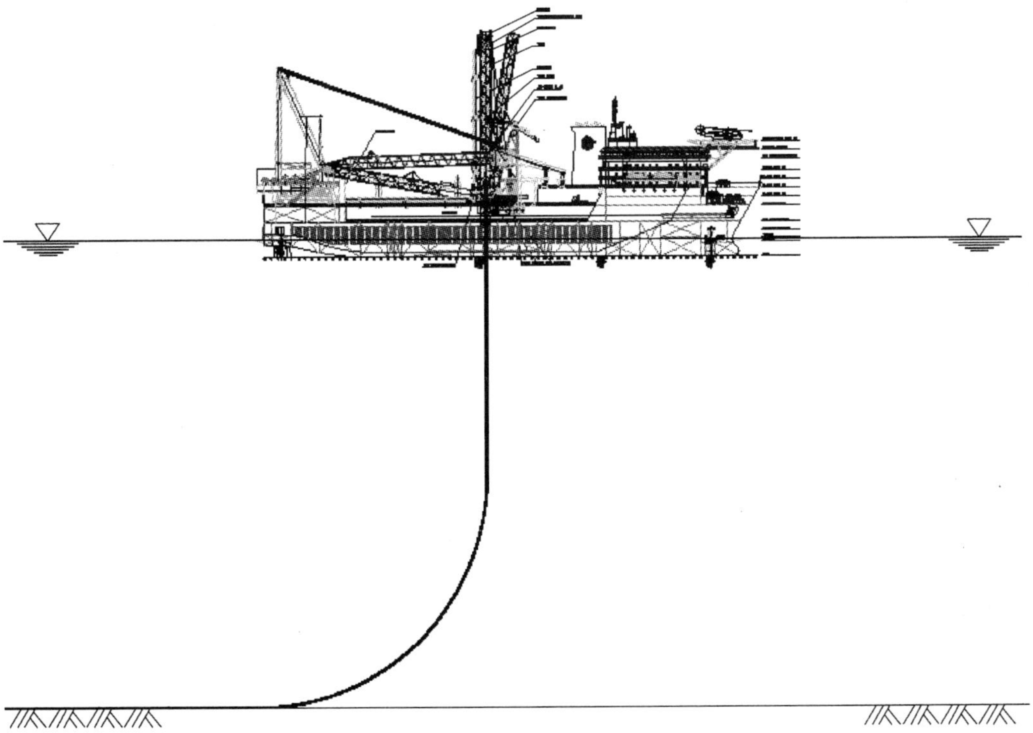

图8-8-2 J形铺管法

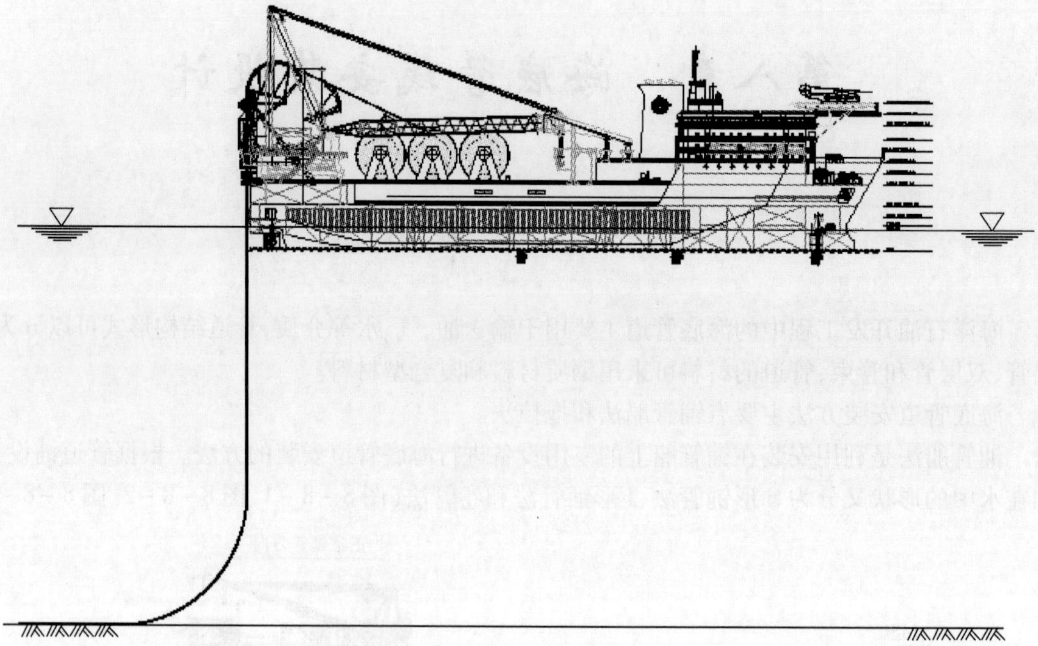

图 8－8－3　卷管法

拖拉法是在管道上绑扎浮筒，使其浮在水中，再通过船舶等工具，将这段管道拖航到管道设计线路，最后将管道放到海底。根据管道在水中拖航时的状态可分为底拖法、离底拖法和浮拖法（图 8－8－4、图 8－8－5、图 8－8－6）。

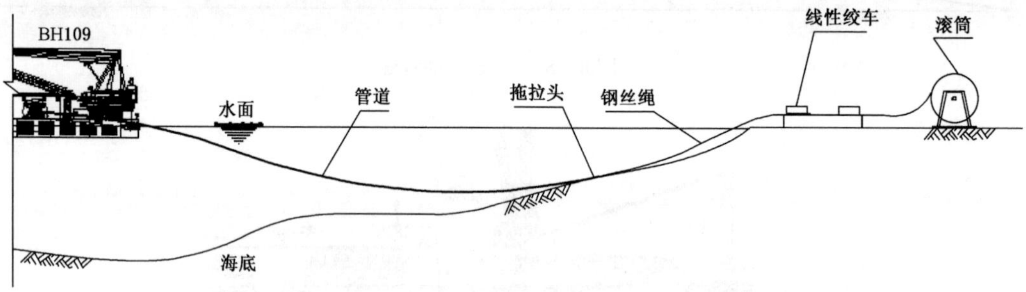

图 8－8－4　底拖法

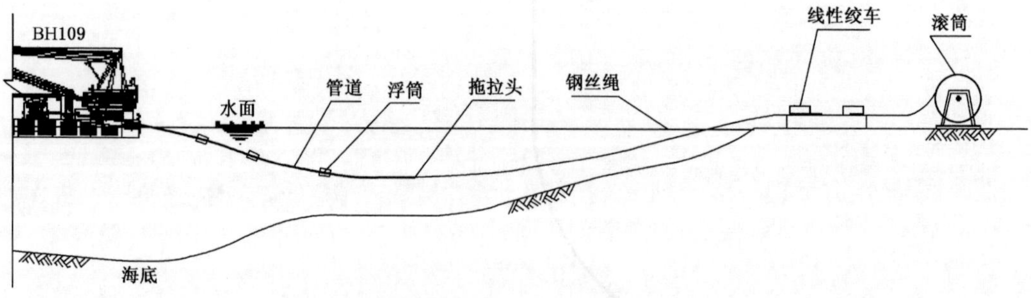

图 8－8－5　离底拖法

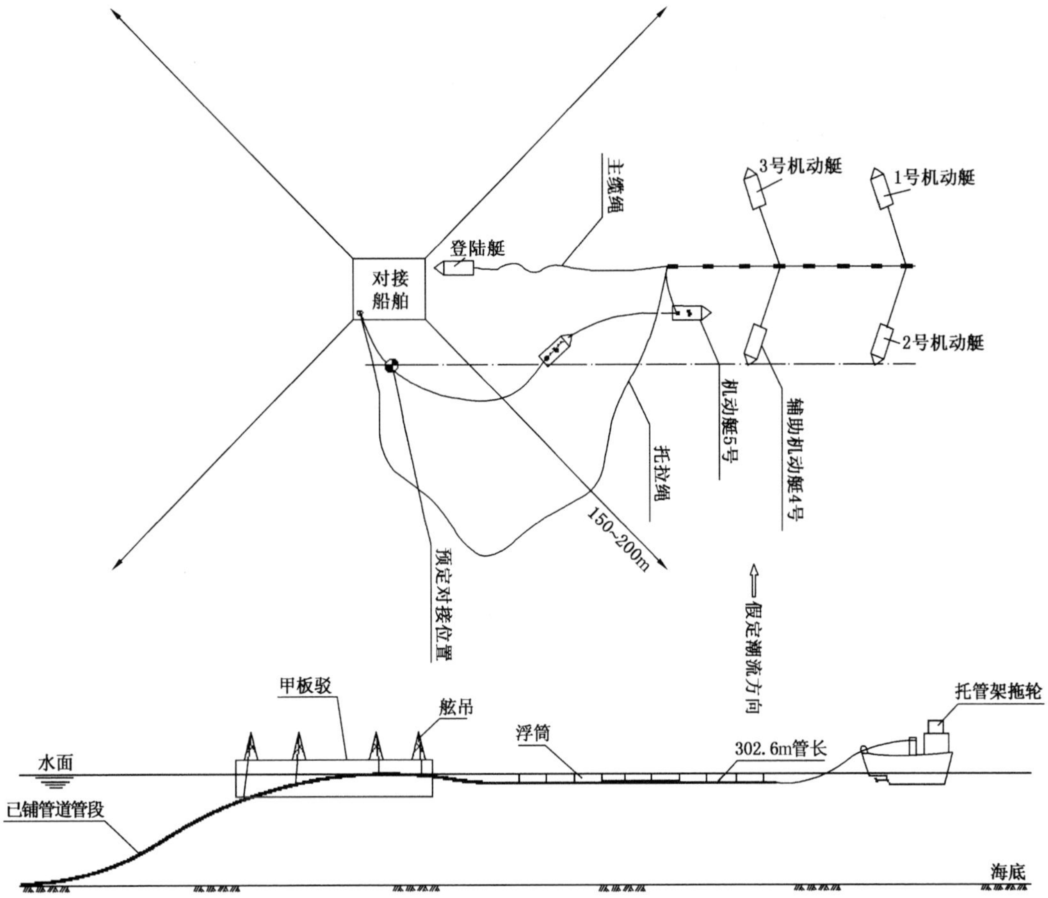

图 8 -8 -6　浮拖法

以下各节主要介绍 S 形铺管法。

第二节　船舶和机具

一、作业船舶

1. 铺管作业船

铺管船上的铺管作业线由管材装卸设备、管道储存区、传送设备、前处理区、焊接站、检验站、节点防腐站组成。

主要设备有 A/R 绞车、张紧器、托管架、坡口处理设备、组对设备、焊接设备、检验设备、节点防腐设备、潜水设备等。

2. 运输驳船

运输驳船用于运送施工材料和设备，主要包括：管子、节点的防腐材料、托管架、挖沟机等。

3. 辅助作业船

主要包括：拖轮（包括三用拖轮）、调查船、交通船等。

主作业船通常要配备拖带和起抛锚拖轮，一般情况，上面两项工作可由三用工作拖轮来完成。在选择拖轮时，要根据主作业船的大小，和作业效率来选择。

海上作业还要考虑到后勤供应的问题，尤其是工期长、距基地（陆地）远的项目，对交通、供水、食物、油等后勤物资一定要有比较详细的运输计划和安排。

通常潜水设备是放在调查船上的，但有时会由于作业顺序，主作业船甲板空间等项目需要，单独使用潜水支持船，这可以根据项目情况而定。

二、专用作业机具

专用机具主要有以下几类：

(1)对中器（分内、外对中两种）；

(2)防腐涂层检验仪；

(3)定位设备；

(4)节点防护涂层设备；

(5)清管试压设备及机具；

(6)挖沟设备。

挖沟机可分成：高压水喷射方式、搅吸方式和犁式。从挖沟方式上可以分成接触式挖沟和非接触式挖沟两类。

第三节　计 算 分 析

海底管道施工设计是铺管船法铺设海底管道施工技术的一个重要组成部分，设计采用国际标准和规范，使用弹性有限元法，对海底管道铺设过程进行模拟，将海底管道模拟成一系列梁单元，将张紧器、支撑滚轮和海底边界条件模拟成固定端或绞支撑，管道在铺管船与管道着泥点之间的海底管道呈S形曲线，并分成上弯段和下弯段，同时设定管道着泥点处的弯矩为零，如图8-8-7所示。

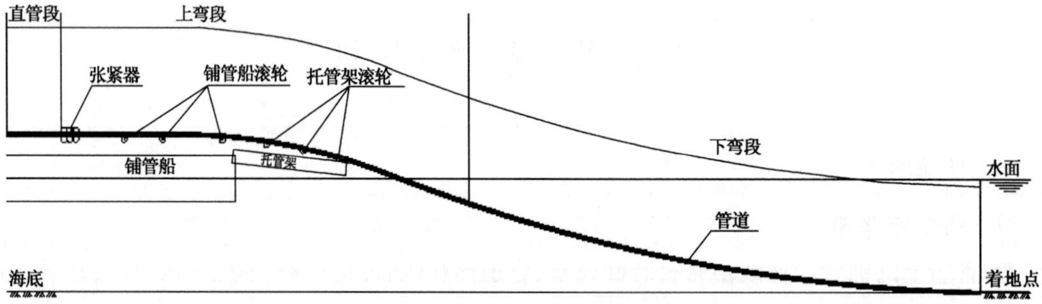

图8-8-7　典型铺管S曲线

使用管道铺设应力分析软件，在上述基本假设的前提下，按照《海底管道系统规范》(SY/T 10037—2002)的要求对管道进行应力分析和校核，确定出铺管作业期间的各种最佳工作状态。

一、"管道铺设应力分析"的典型阶段

(1)铺设开始的分析。

(2)正常铺设的分析。

(3)铺设终止(弃管和收管)的分析。

注意事项：

(1)坐标系沿海水面设 X 轴，Y 轴垂直向下，原点一般设在张紧器的位置，如图 8－8－8 所示。

(2)力的正方向如图 8－8－9 所示。

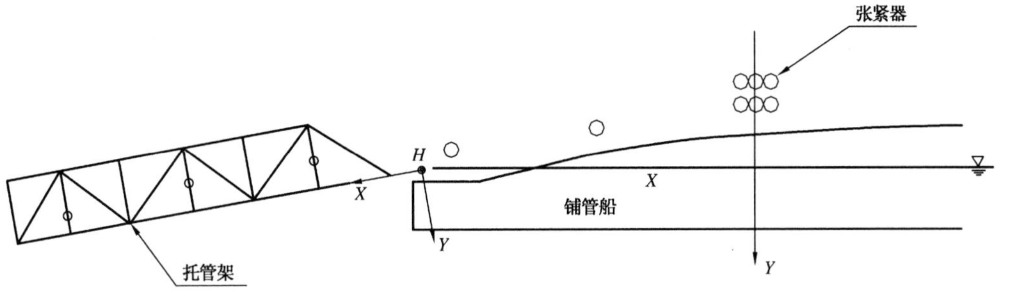

图 8－8－8　管道铺设座标系设置

二、计算分析要点

1. 熟悉施工方案搞清以下几个问题

(1)所用起重铺管船的有关性能，如型深、吃水、托管架角度可调范围，张紧器的张力可操作范围，船上和托管架上滚轮的布置及现状，滚轮的承受能力如何等。

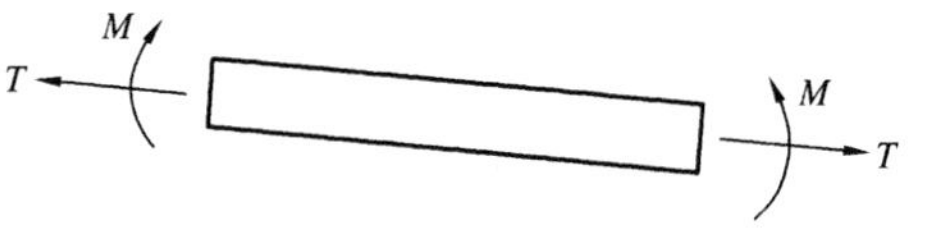

图 8－8－9　力的正方向

(2)铺设方向如何。

(3)起始铺设选用何种方案。

2. 根据现有施工设备、机具的能力，对海底管道铺设状态进行试算，初步确定的主要参数

(1)海底管道铺设张力。

(2)铺管船上管子的曲率半径。

(3)托管架上管子的曲率半径。

(4)托管架的角度。

3. 对有关文件和资料进行研究

(1)海底管道技术规格书。

(2)海底管道详细设计报告。

从中搞清楚计算分析时需要的一些管道的基本参数，如：钢管类型、钢管规格、钢材级别、防腐涂层、防腐涂层密度、保温涂层、保温涂层密度、配重层厚度和密度、海水密度以及施工环境，如水深、水温、潮位、整个铺设过程中水位的变化等。

4. 建立计算模型

(1)调整滚轮高度，其调整步骤如下：

① 根据经验经过试算确定管道在船上和托管架上的上弯段曲线半径及托管架的入水角，计算出船上和托管架各支撑滚轮所需要的调整高度。

② 计算船上每组滚轮处的 BOP(管道底部)距水面的距离,托管架上每组滚轮处的BOP 距托管架下弦杆中心线的距离。根据该计算高度值和卡紧位置,确定滚轮托架螺孔位置。

(2)计算有关的管子特性,包括截面惯性矩、截面模量、截面面积、管道空气中重量、管道水中重量等。

5. 应力分析计算工况

在试算、确定出各主要设计参数的基础上,要对海底管道铺设、安装全过程进行详细的应力分析计算,一般情况下,至少要进行下列各种工况的应力计算。

(1)管道开始铺设作业(图 8 -8 -10)。

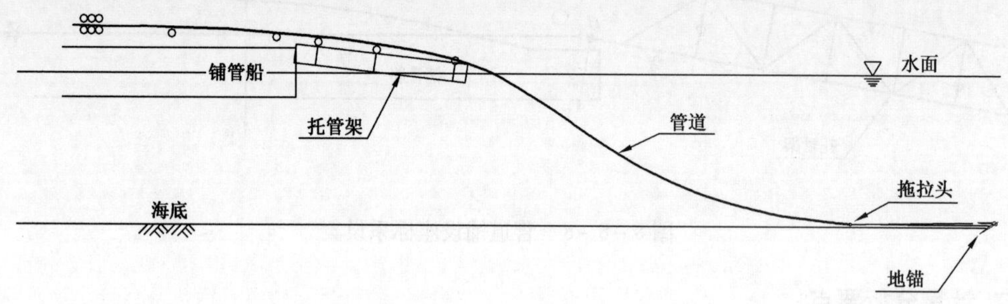

图 8 -8 -10　起始铺设

(2)管道正常铺设作业(图 8 -8 -11)。

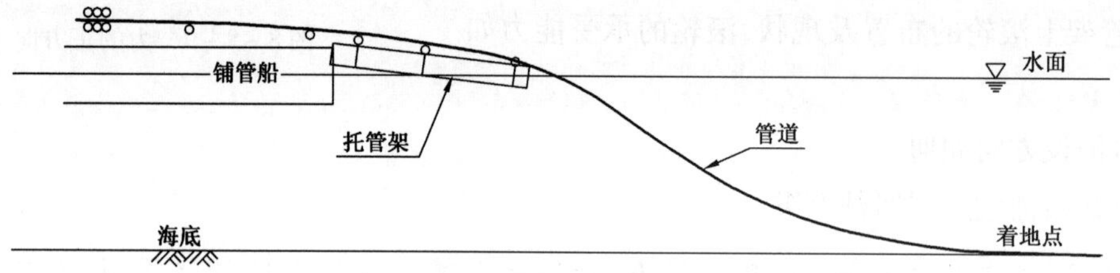

图 8 -8 -11　正常铺设

(3)管道铺设终止作业(图 8 -8 -12)(或弃管作业)。

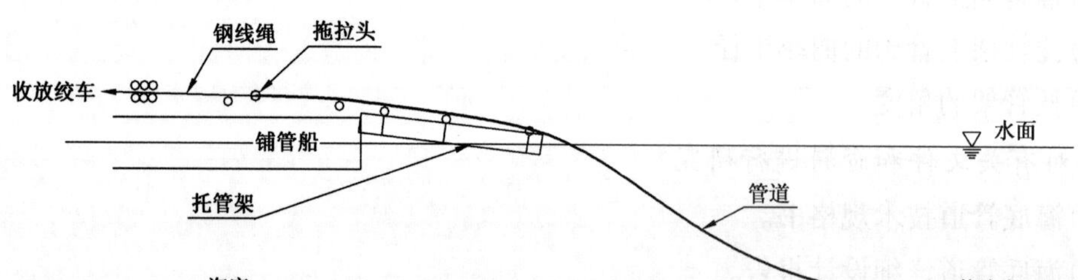

图 8 -8 -12　终止铺设

(4)管道回收作业。

上述各种工况的应力分析计算,均要模拟各工况的全过程。不同规格、不同结构形式、不同作业水深情况下的同种工况也要分别进行计算,一般情况下,大部分计算工况要分解成几个至几十个应力计算状态。

6. 计算结果的分析和调整

在一些管子规格较多，水深变化较大的海底管道施工设计项目中，对计算结果要进行分析，并做一些适当调整。在保证管道施工应力或应变符合设计标准的基础上，尽量选用通用性较好的工作状态作为调整铺管船、张紧器、托管架等铺管设备的依据，以减少在现场对这些设备频繁的调整工作。

7. 海底管道施工应力分析计算书

该计算书主要以图示和表格的方式，将所有的应力分析计算结果汇总在一起，提供给业主和第三方检查，在得到业主和第三方检验机构批准后，作为整个工程实施的技术依据。

第四节　图　　纸

(1)铺管船就位图参见图 8－8－13。

铺管船布锚应注意锚点尽量远离已经安装的海底管道及其他结构物，锚点跨越管道时的垂直距离应保证在 200m 以上，并保证锚缆不与管道接触，锚点不跨越管道时的垂直距离不应小于 100m。

(2)管道正常铺设图参见图 8－8－14。

(3)管道起始铺设图。

管道铺设有两种方式，一种是用起始缆法参见图 8－8－15，一种是起始锚法参见图 8－8－16。

(4)管道终止铺设图参见图 8－8－17，图 8－8－18。

(5)管道回收图参见图 8－8－19，图 8－8－20。

(6)管道/立管对接图参见图 8－8－21。

(7)整体立管下放图参见图 8－8－22。

(8)管道起吊图参见图 8－8－23。

(9)挖沟机安装流程图参见图 8－8－24。

(10)水上清管流程图参见图 8－8－25。

(11)水下清管流程图参见图 8－8－26。

(12)试压流程图参见图 8－8－27。

(13)屈曲探测器安装流程图参见图 8－8－28。

(14)起始铺设封头图参见图 8－8－29。

(15)弃管封头图参见图 8－8－30。

(16)法兰保护器图参见图 8－8－31。

(17)清管发射器图参见图 8－8－32。

(18)试压盲板图参见图 8－8－33。

(19)起吊卡子图参见图 8－8－34。

(20)撑杆卡子图参见图 8－8－35。

(21)立管与管道组对卡子图参见图 8－8－36。

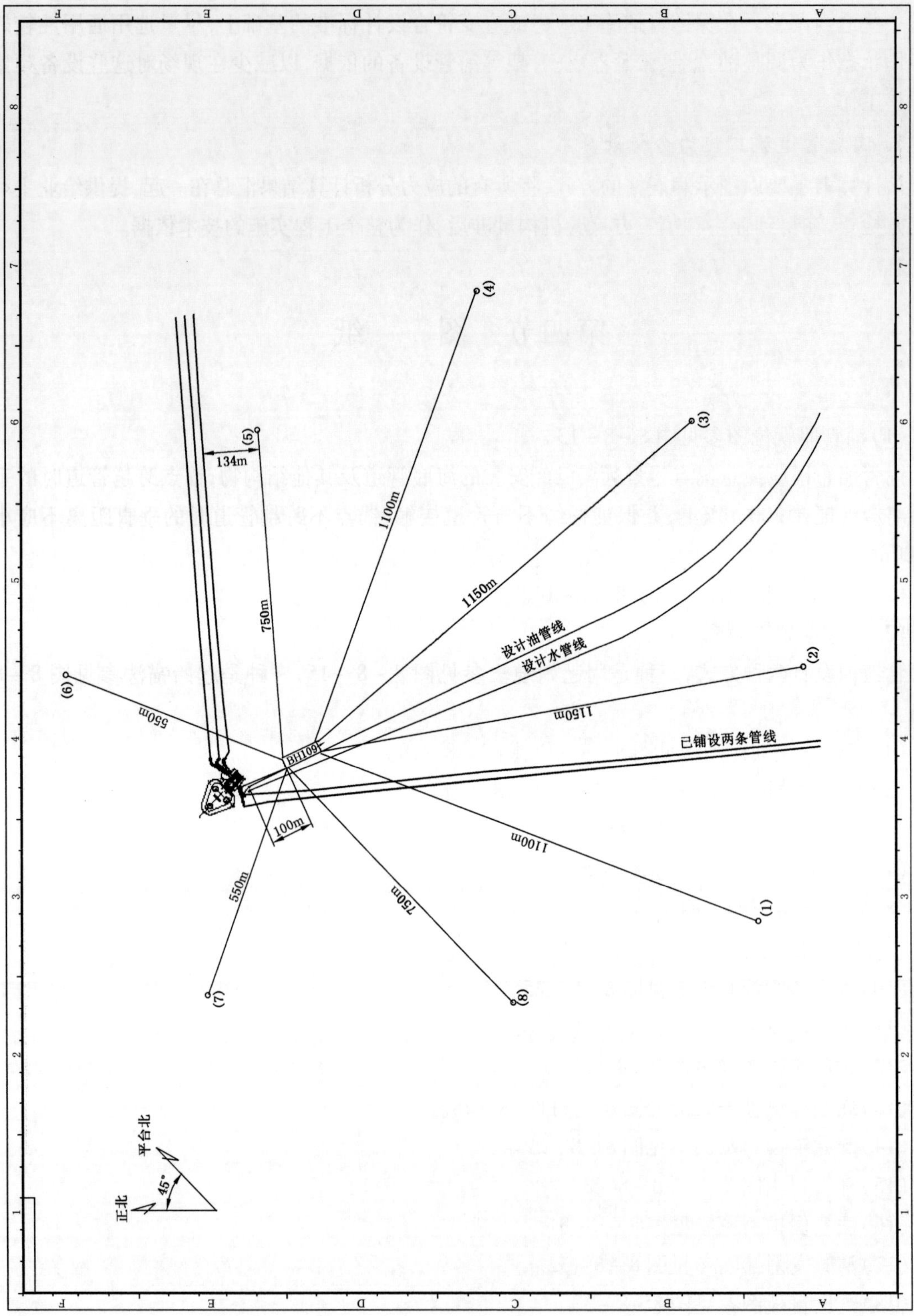

图8-8-13 铺管船布锚图

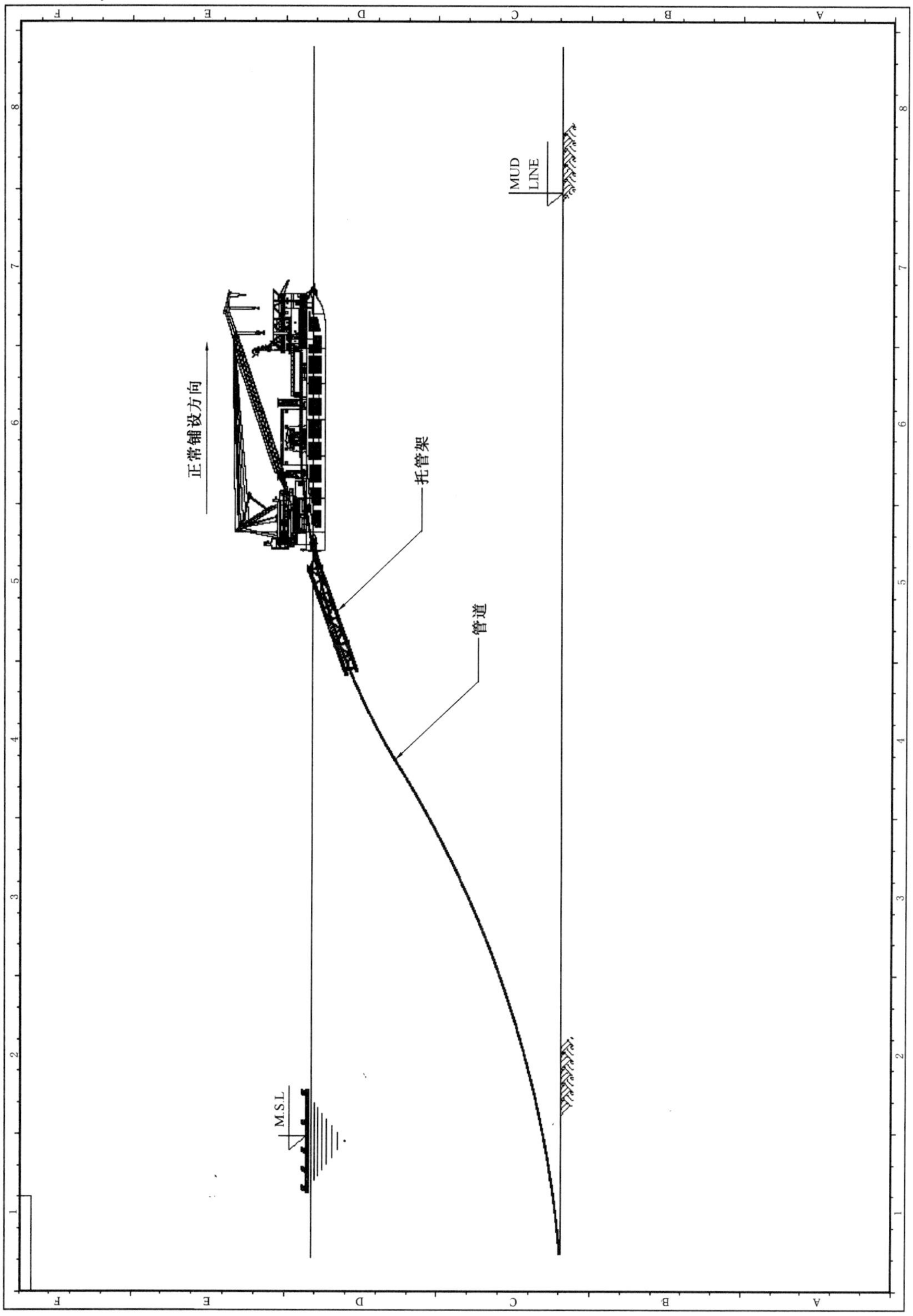

图8-8-14 管道正常铺设图

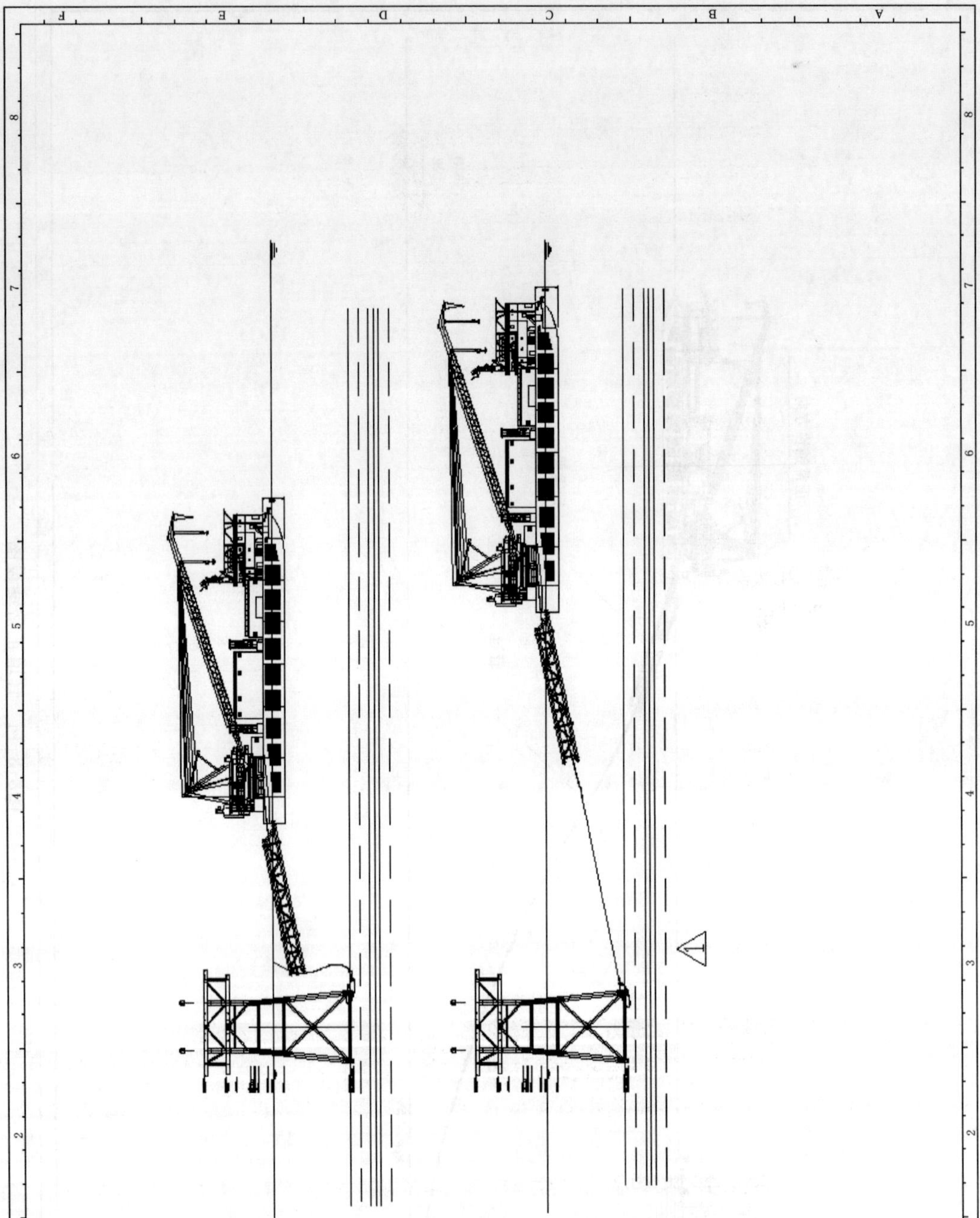

图8-8-15 管道起始铺设图（起始缆法）

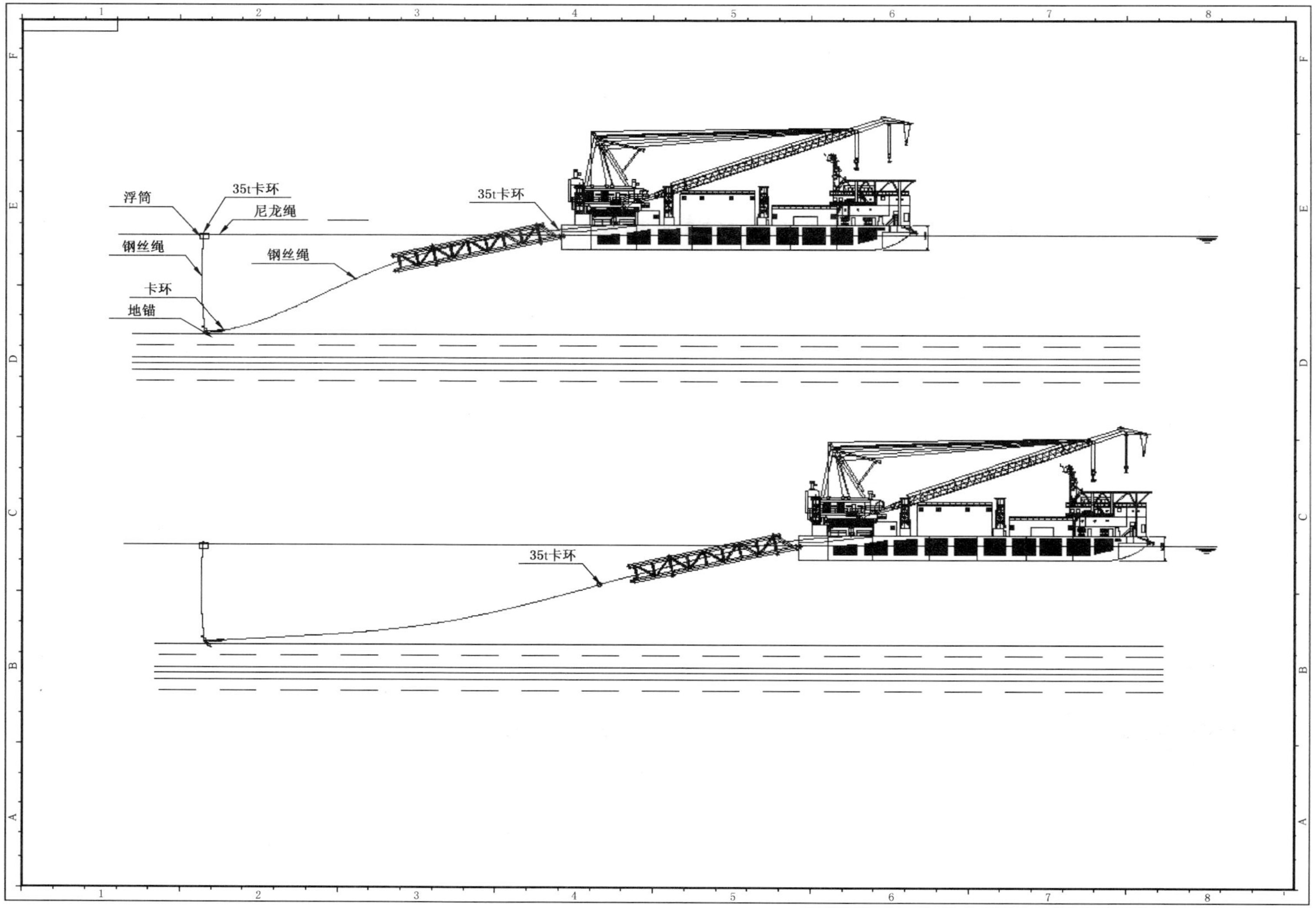

图8-8-16　管道起始铺设图（起始锚法）

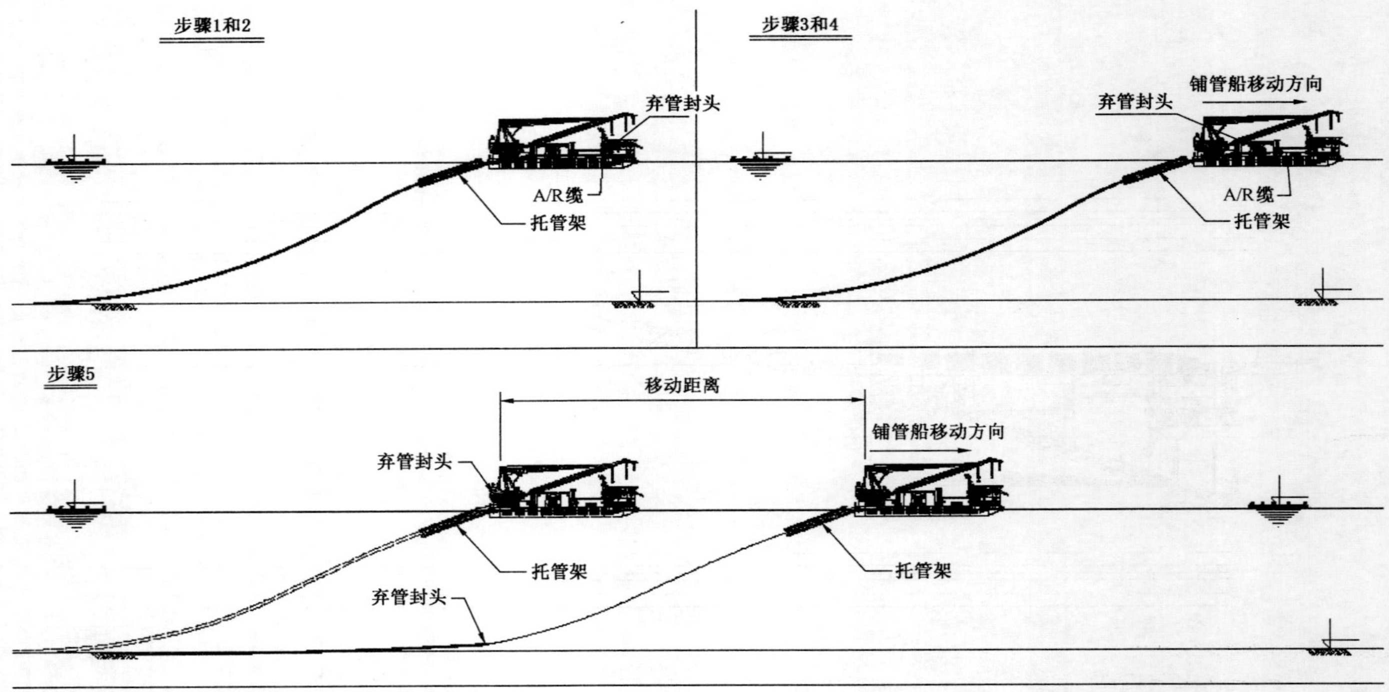

说明：

1. 在管线末端焊接一个弃管封头。
2. 连接A/R绞车到弃管封头上。
3. 向前移动铺管船直到弃管封头到达张紧器前2m。
4. 一步步增加A/R绞车张力，进行张紧器与A/R绞车的张力转换。
5. 向前移动铺管船，保持A/R缆的设计张力，直到管头着底。

图8-8-17　管道终止铺设图(一)

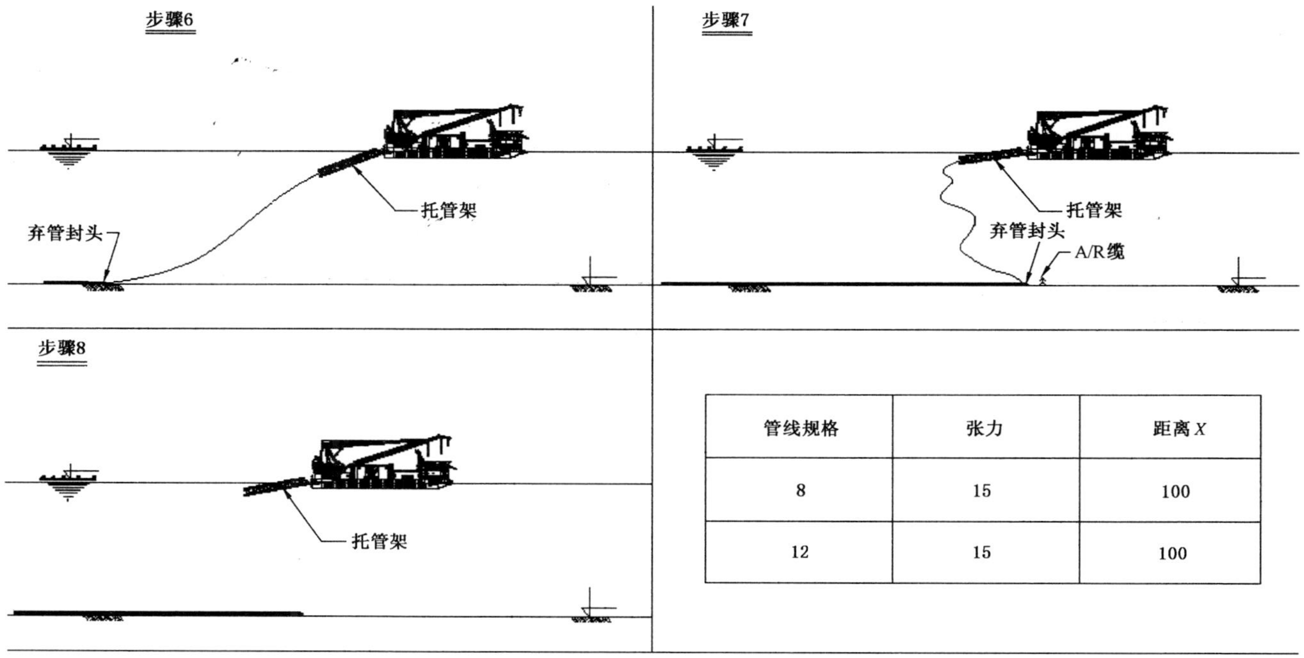

管线规格	张力	距离 X
8	15	100
12	15	100

说明：

6. 保持铺管船的航向，向后退船直到弃管封头到达船尾。
7. 潜水员下水从弃管封头处解除A/R缆。
8. 回收所有的A/R缆。

图8-8-18　管道终止铺设图(二)

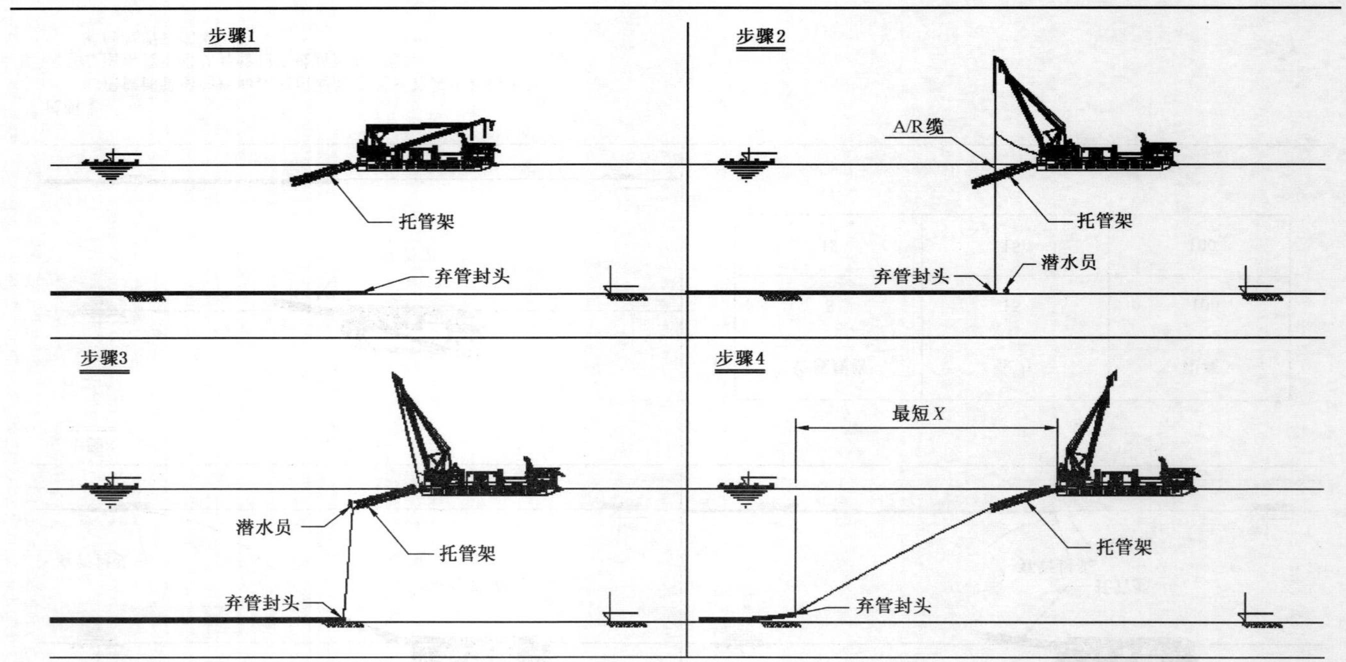

说明：

1. 船尾在弃管端点位置就位。
2. 铺管船吊机起吊A/R缆并将A/R缆一端下放到水中。潜水员将A/R缆连接到弃管封头上。
3. 向前慢慢移船并放A/R缆。潜水员下水检查A/R缆在托管架上的情况。
4. 通过A/R缆对弃管封头施加设计张力，并逐步向后移船。

图8-8-19　管道回收图(一)

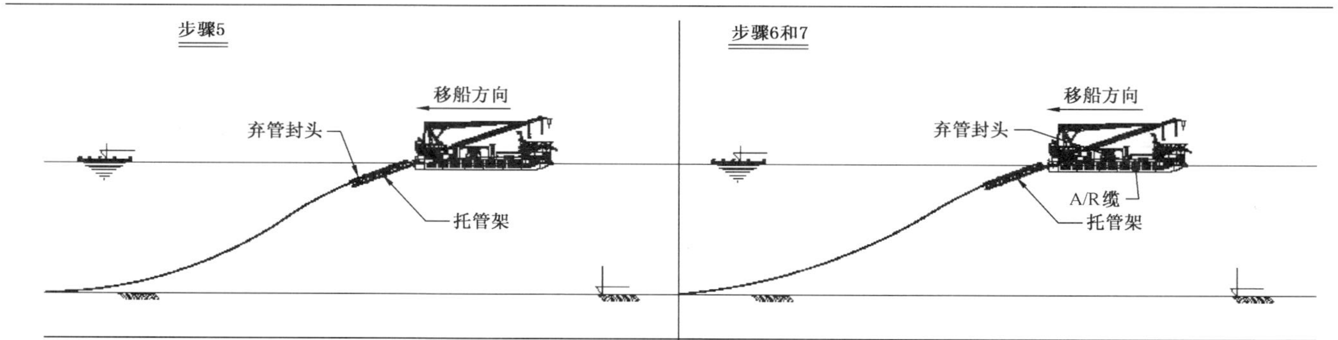

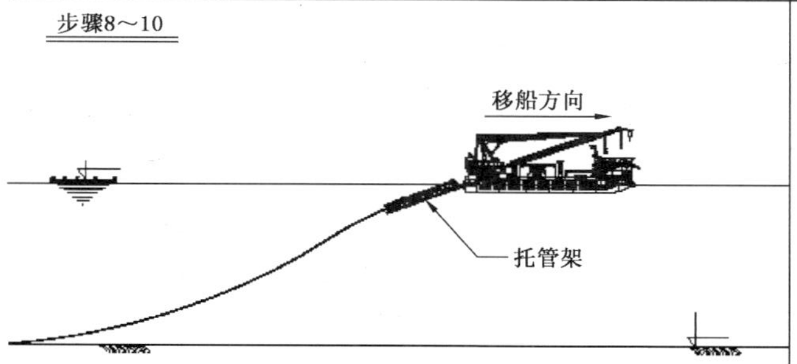

管线规格, in	张力, t	距离, m
8	15	100
12	15	100

说明：

5. 向后慢慢移船到封头位置并放A/R缆，保持张力。
6. 继续向后移船让弃管封头过托管架滚轮，张紧器。
7. 弃管封头过张紧器3m的时候停止向后移船，进行从A/R缆到张紧器的张力转换。
8. 向后慢慢移船直到封头到达1号站，保持铺设张力。
9. 从弃管封头上解掉拖缆。
10. 切掉平管的弃管封头，开始正常铺设。

图8-8-20　管道回收图(二)

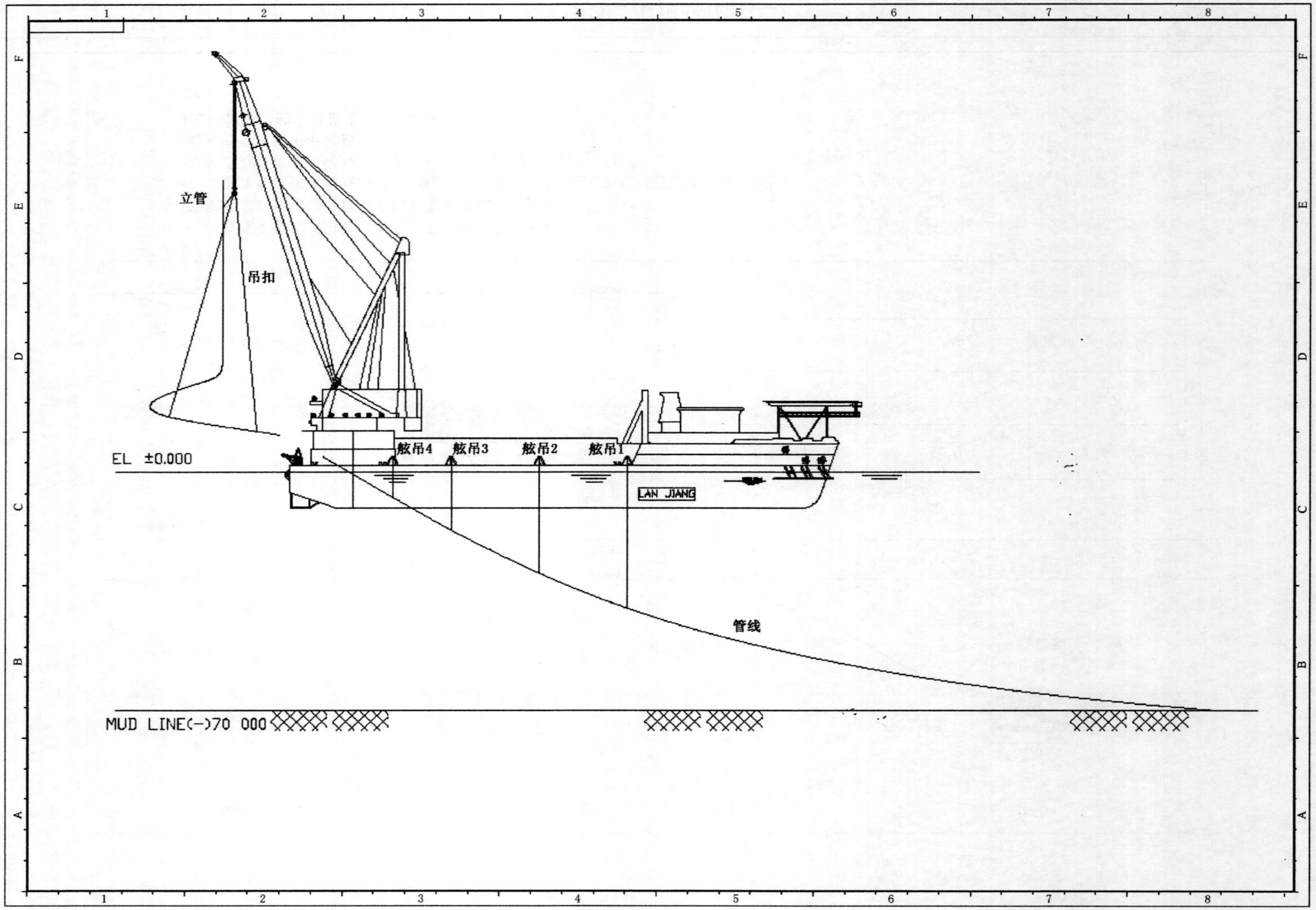

图8-8-21　管道和立管对接图

图8-8-22　整体立管下放图

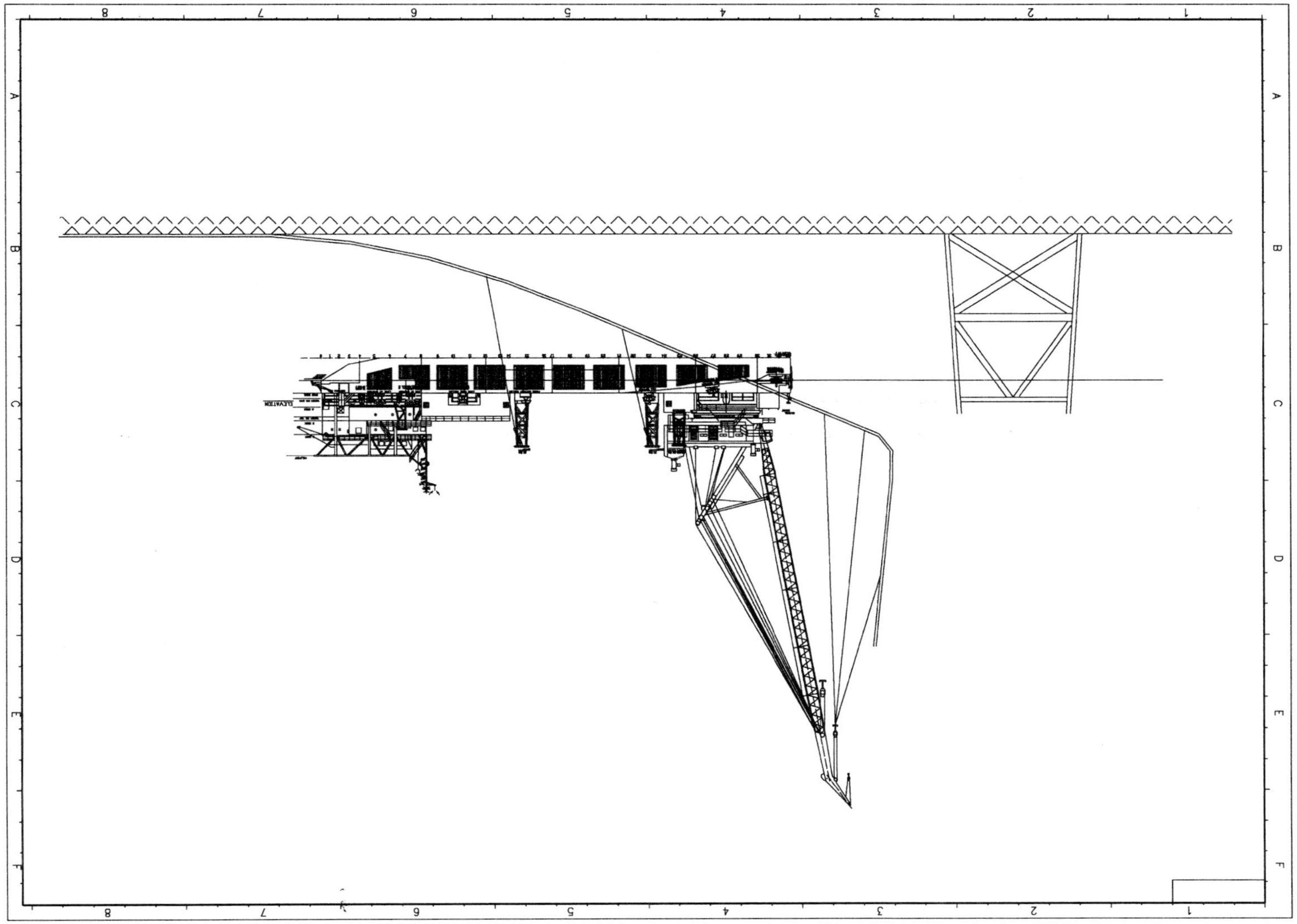

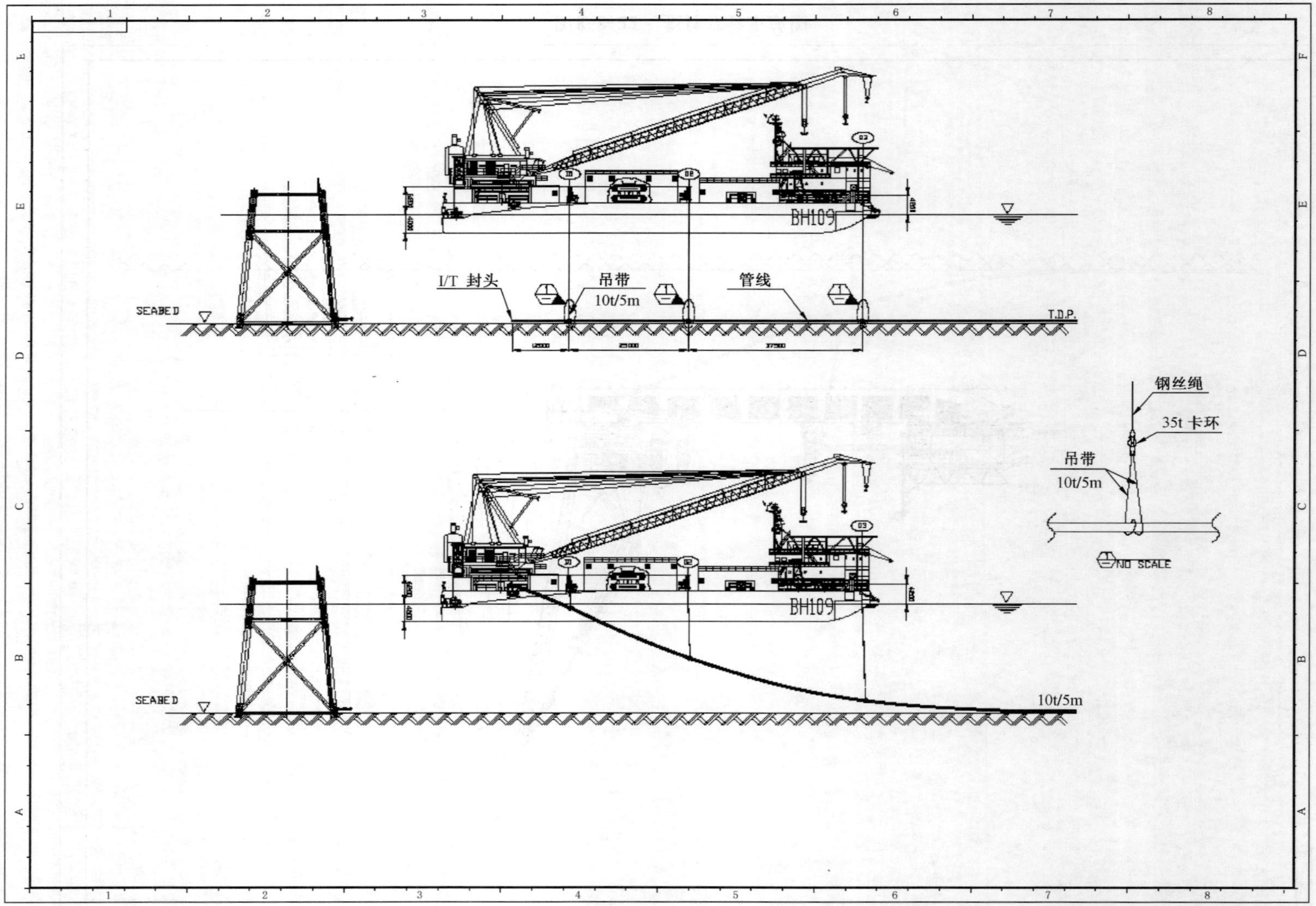

图8-8-23 管道起吊图

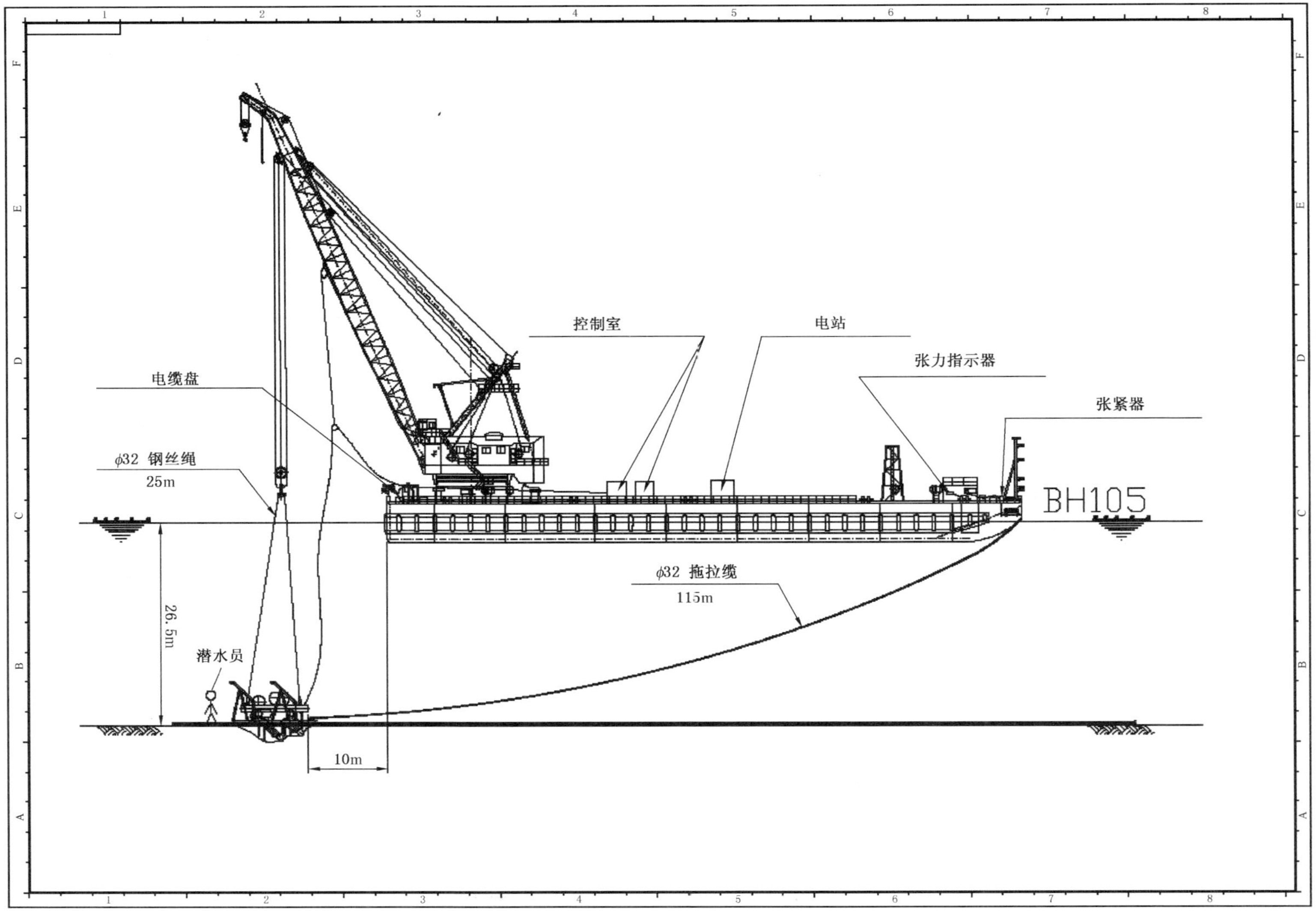

图8-8-24　挖沟机安装流程图

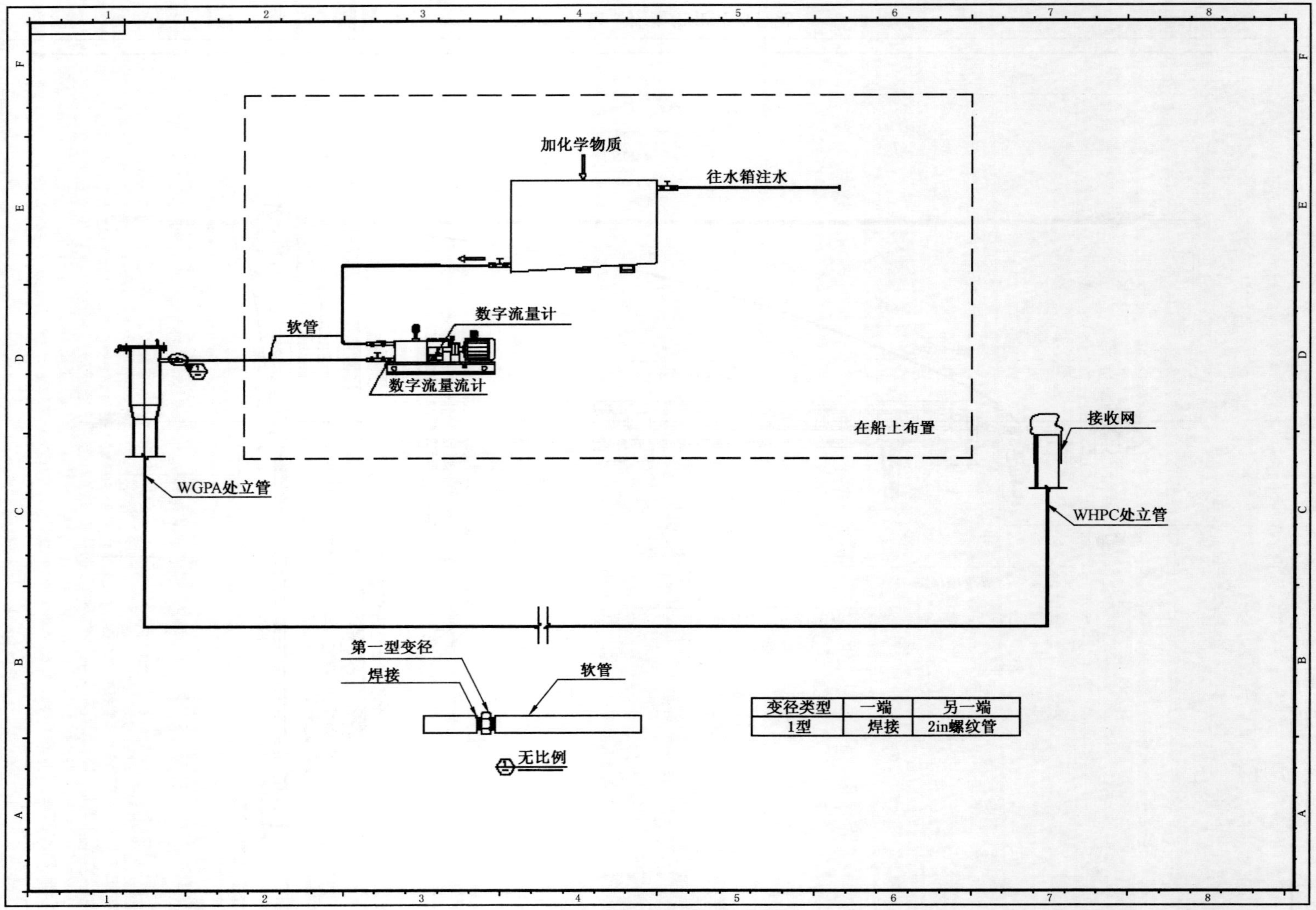

变径类型	一端	另一端
1型	焊接	2in螺纹管

图8-8-25　水上清管流程图

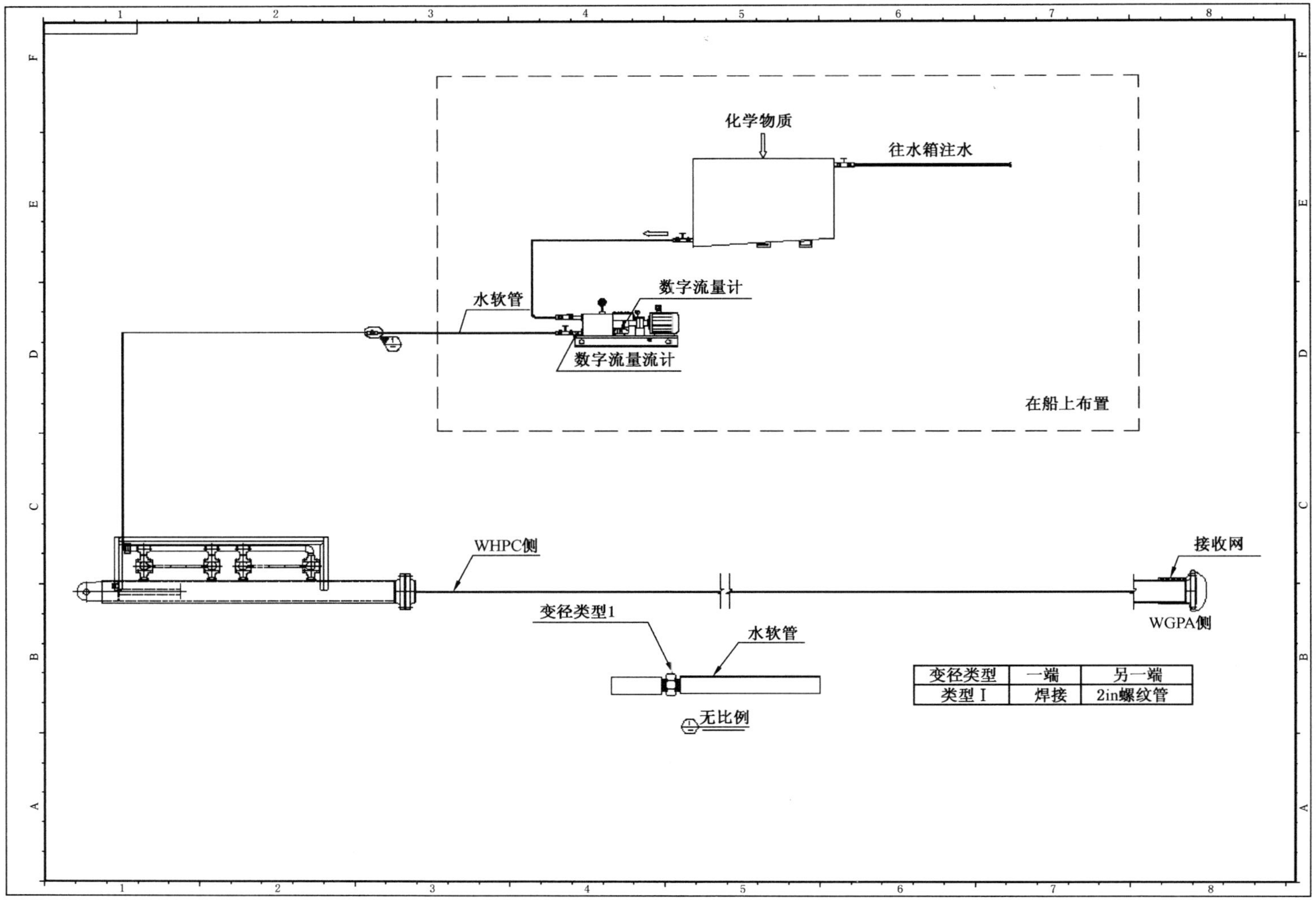

变径类型	一端	另一端
类型Ⅰ	焊接	2in螺纹管

图8-8-26　水下清管流程图

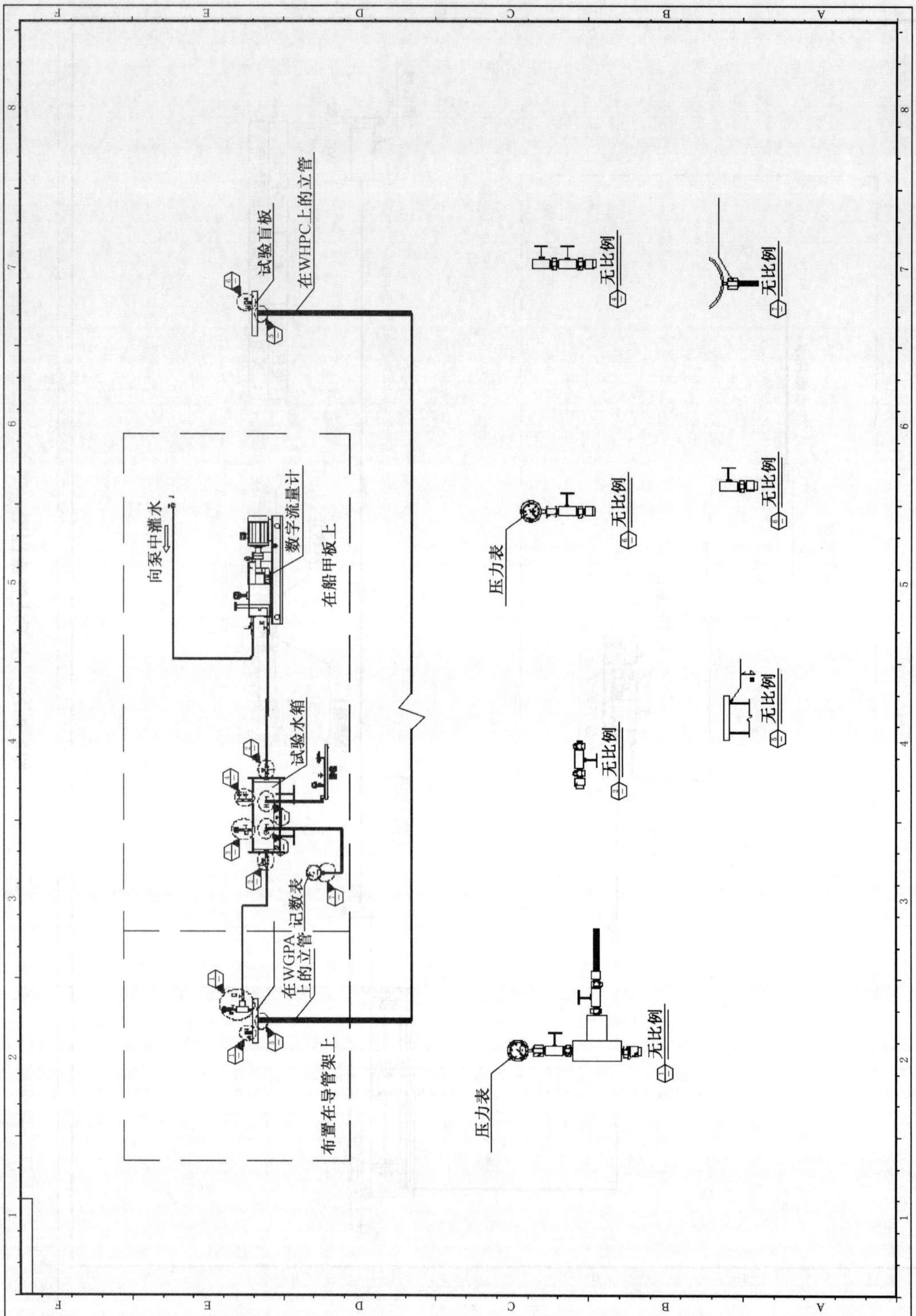
试验盲板
在WHPC上的立管
向泵中灌水
数字流量计
在船甲板上
试验水箱
在WGPA上的立管
记数表
布置在导管架上
压力表
无比例

图8-8-27 试压流程图

图8-8-28　屈曲探测器安装流程图

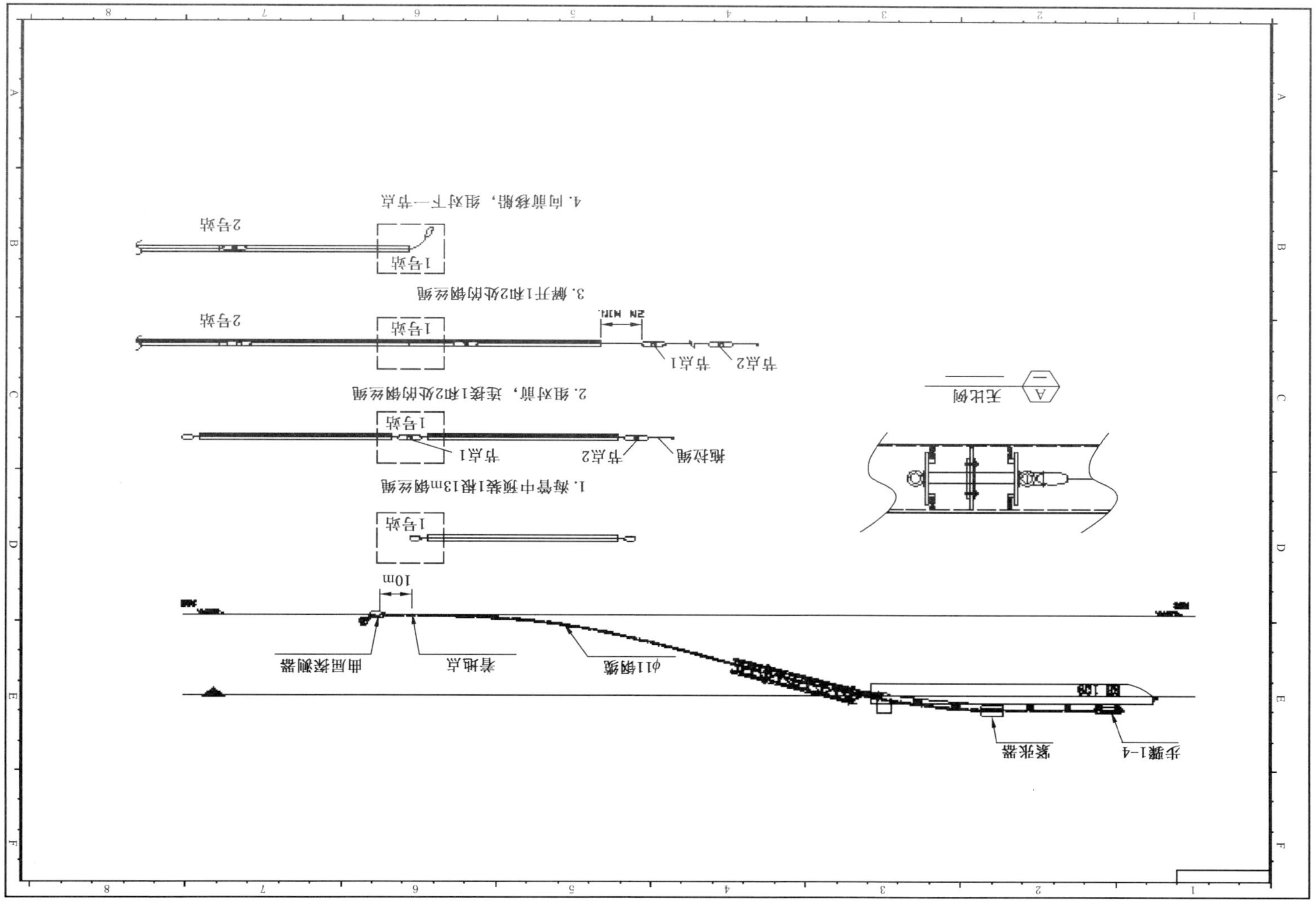

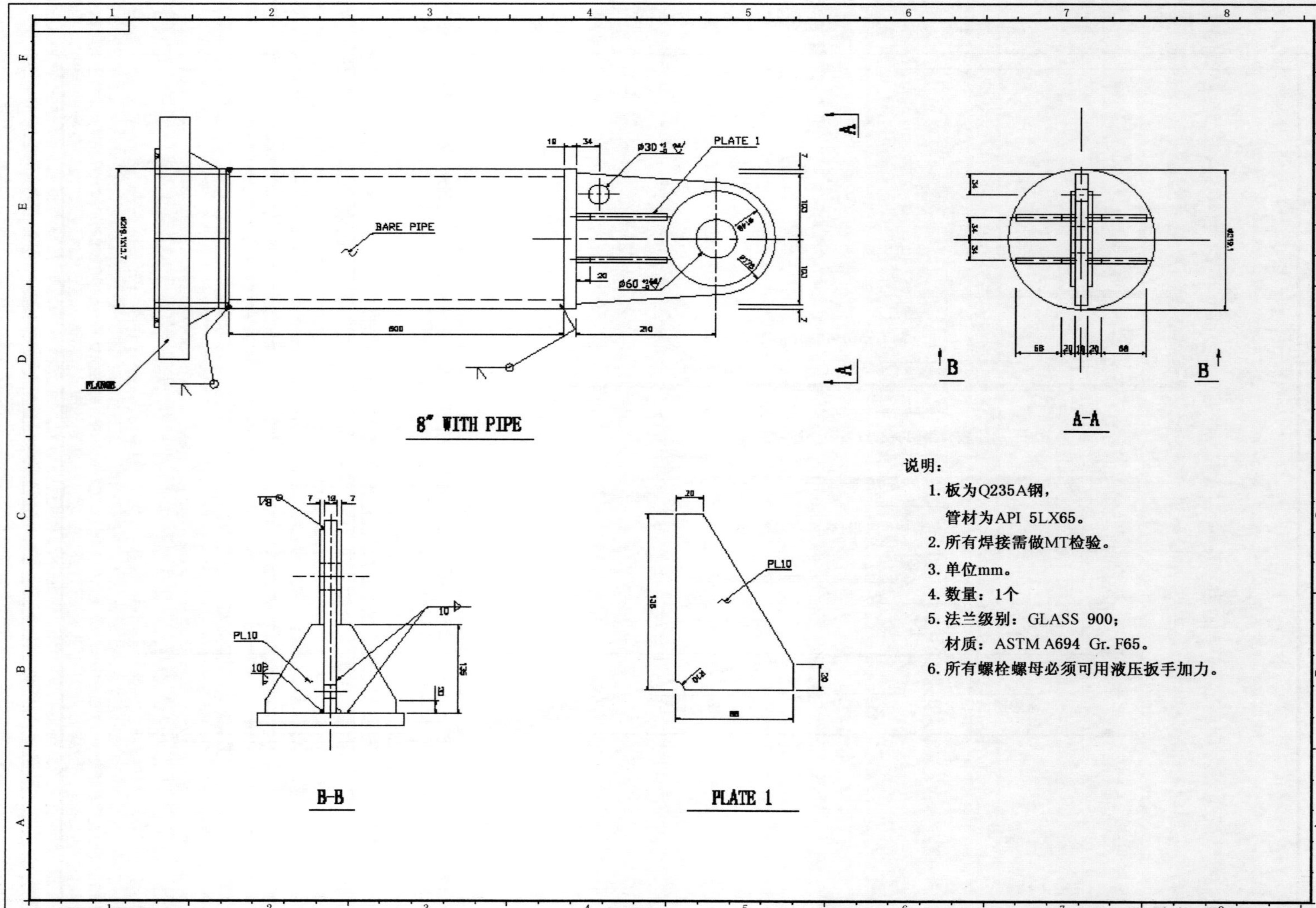

图8-8-29 起始铺设封头图

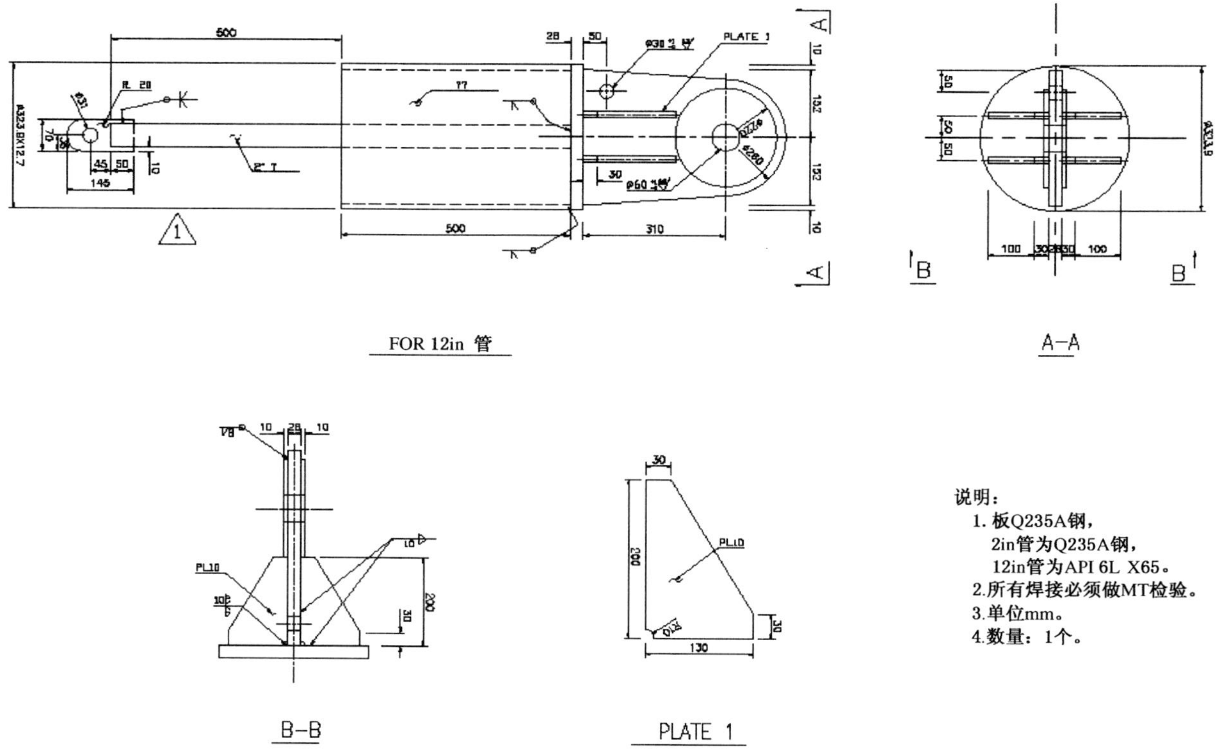

说明：

1. 板Q235A钢，
   2in管为Q235A钢，
   12in管为API 6L X65。
2. 所有焊接必须做MT检验。
3. 单位mm。
4. 数量：1个。

图8-8-30 弃管封头图

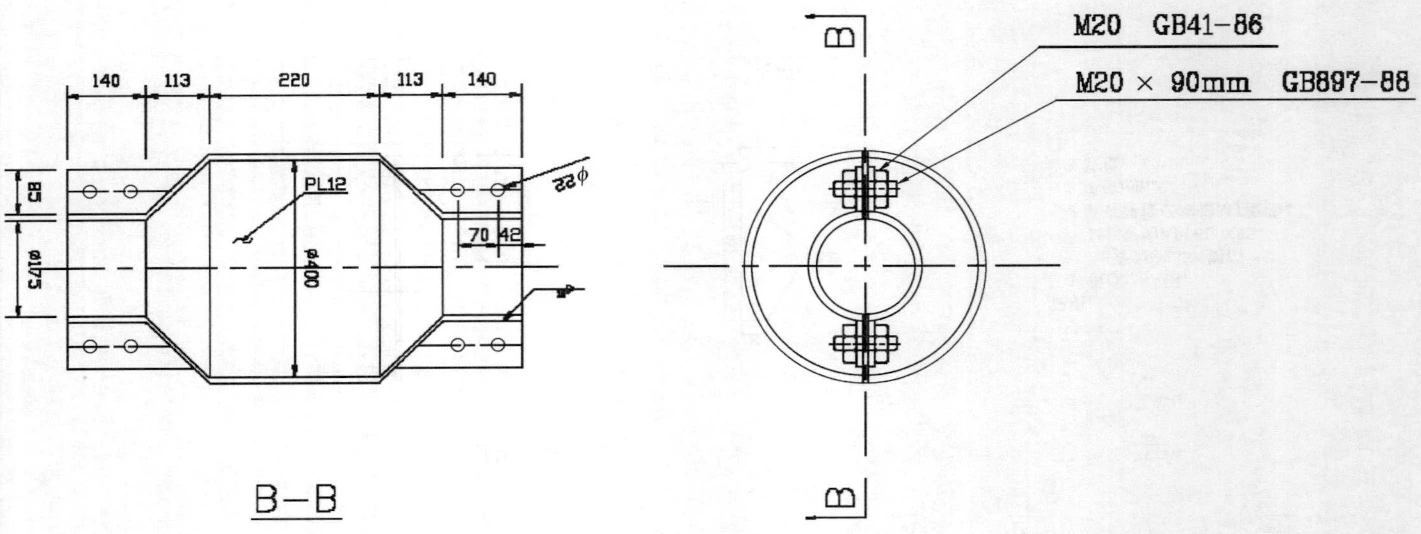

说明：
1. 所有板为Q235A钢。
2. 所有焊接需做MT检验。
3. 单位mm。
4. 加工数量1人。
5. 螺栓M20×90，20个；
螺母40个。
6. 所有板厚为12mm。

图8-8-31 法兰保护器图

图8-8-32　清管发射器图

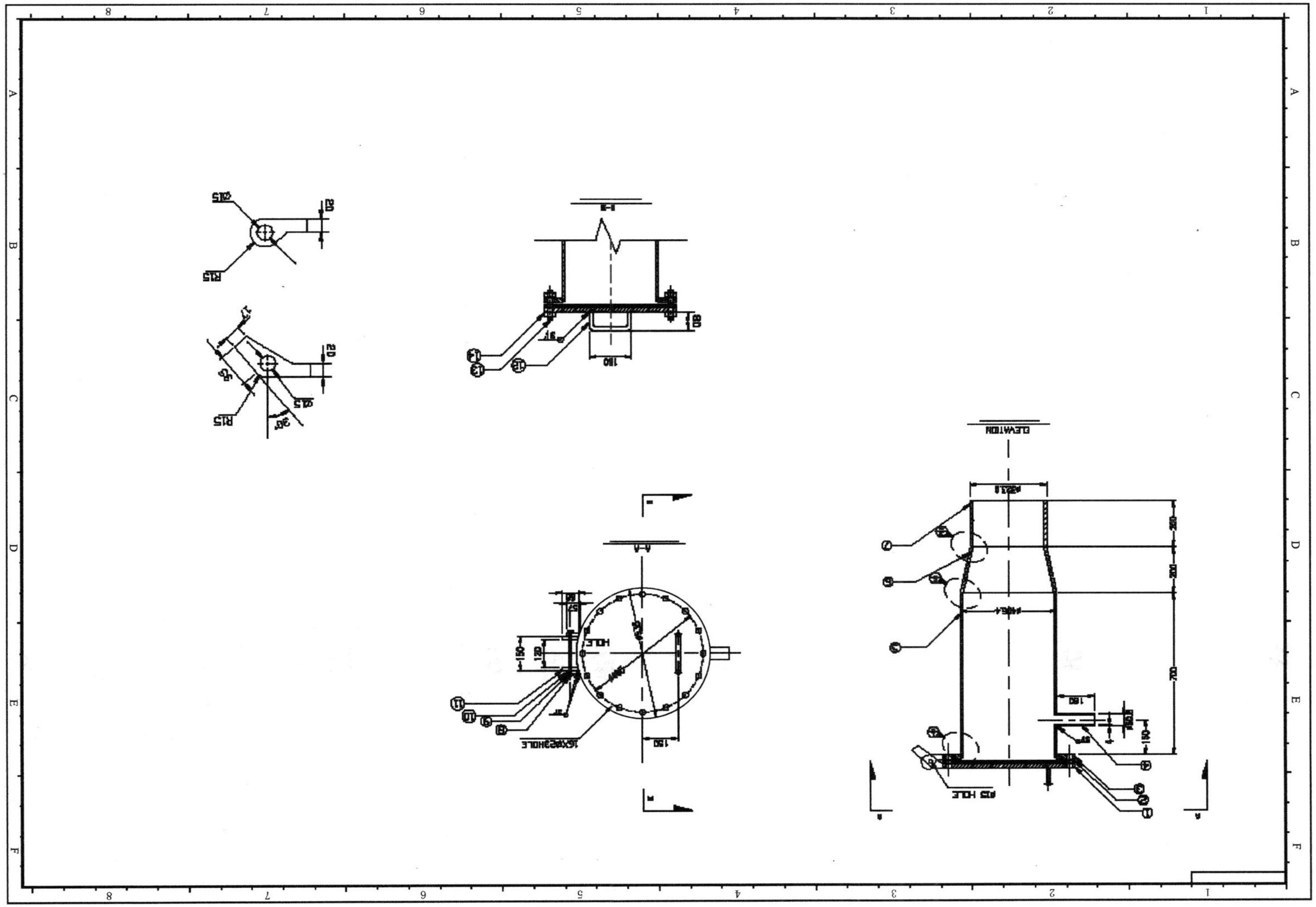

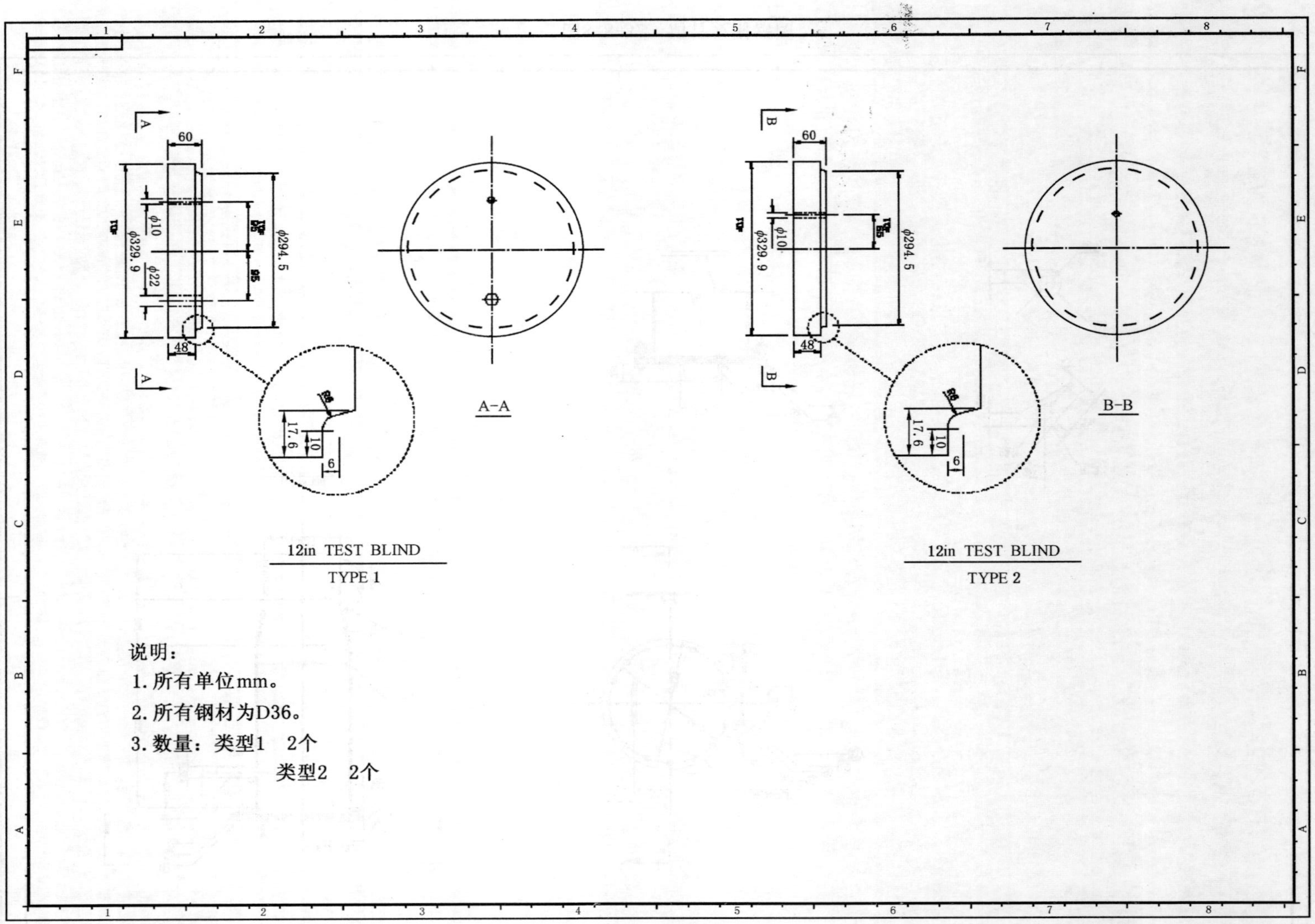
60
48
φ10
φ22
φ329.9
φ294.5
A
B
A-A
B-B
17.6
10
6
12in TEST BLIND
TYPE 1
12in TEST BLIND
TYPE 2
说明：
1.所有单位mm。
2.所有钢材为D36。
3.数量：类型1 2个
类型2 2个

图8-8-33 试压盲板图

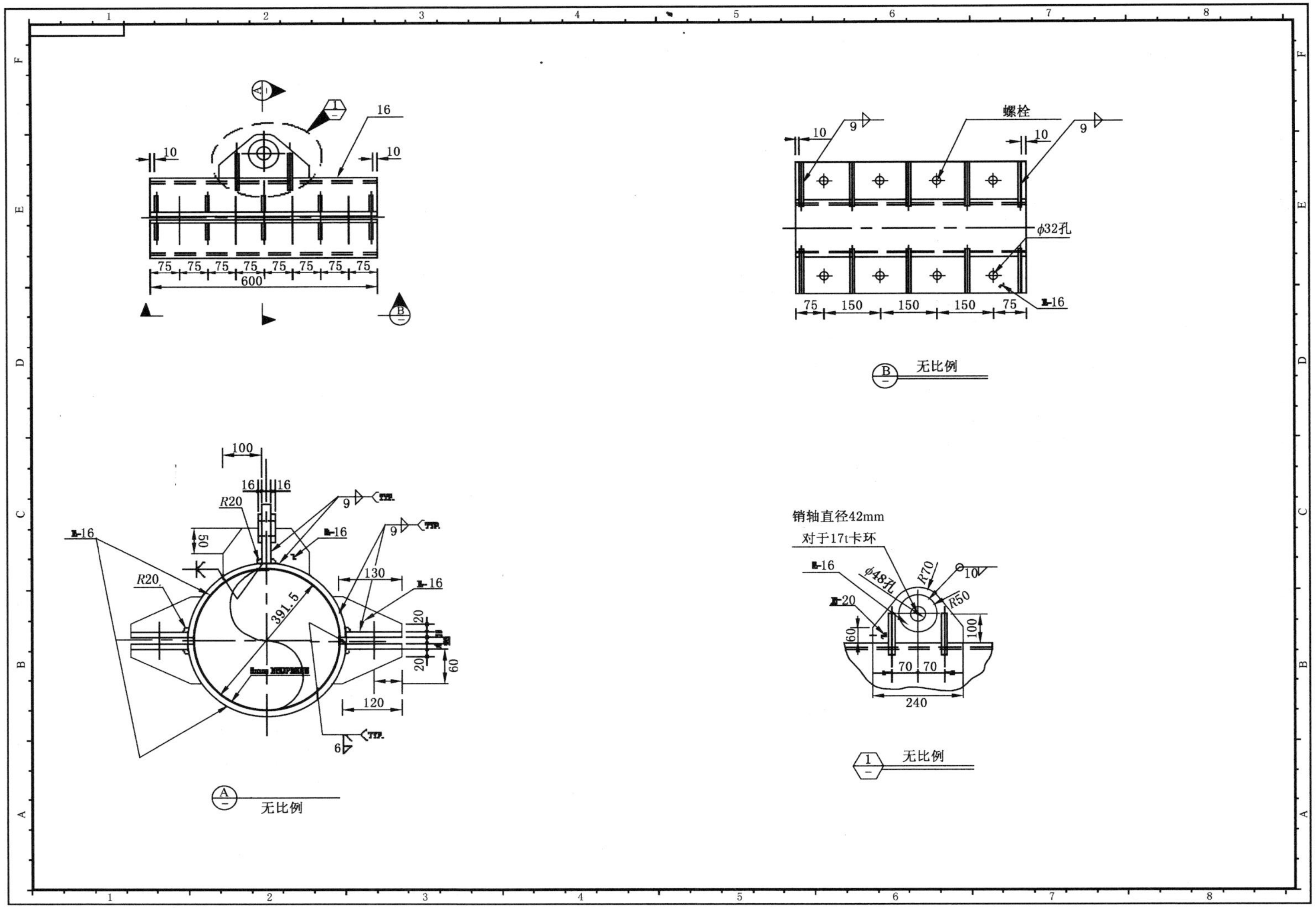
16
10
10
75 75 75 75 75 75 75 75
600
螺栓
10
9
10
9
φ32孔
■-16
75 150 150 150 75
B 无比例
100
16 16
R20
50
■-16
■-16
9
9
R20
391.5
130
■-16
20
20
60
120
6
A 无比例
销轴直径42mm
对于17t卡环
■-16
φ48孔
R70
10
R50
■-20
60
100
70 70
240
1 无比例

图8-8-34 起吊卡子图

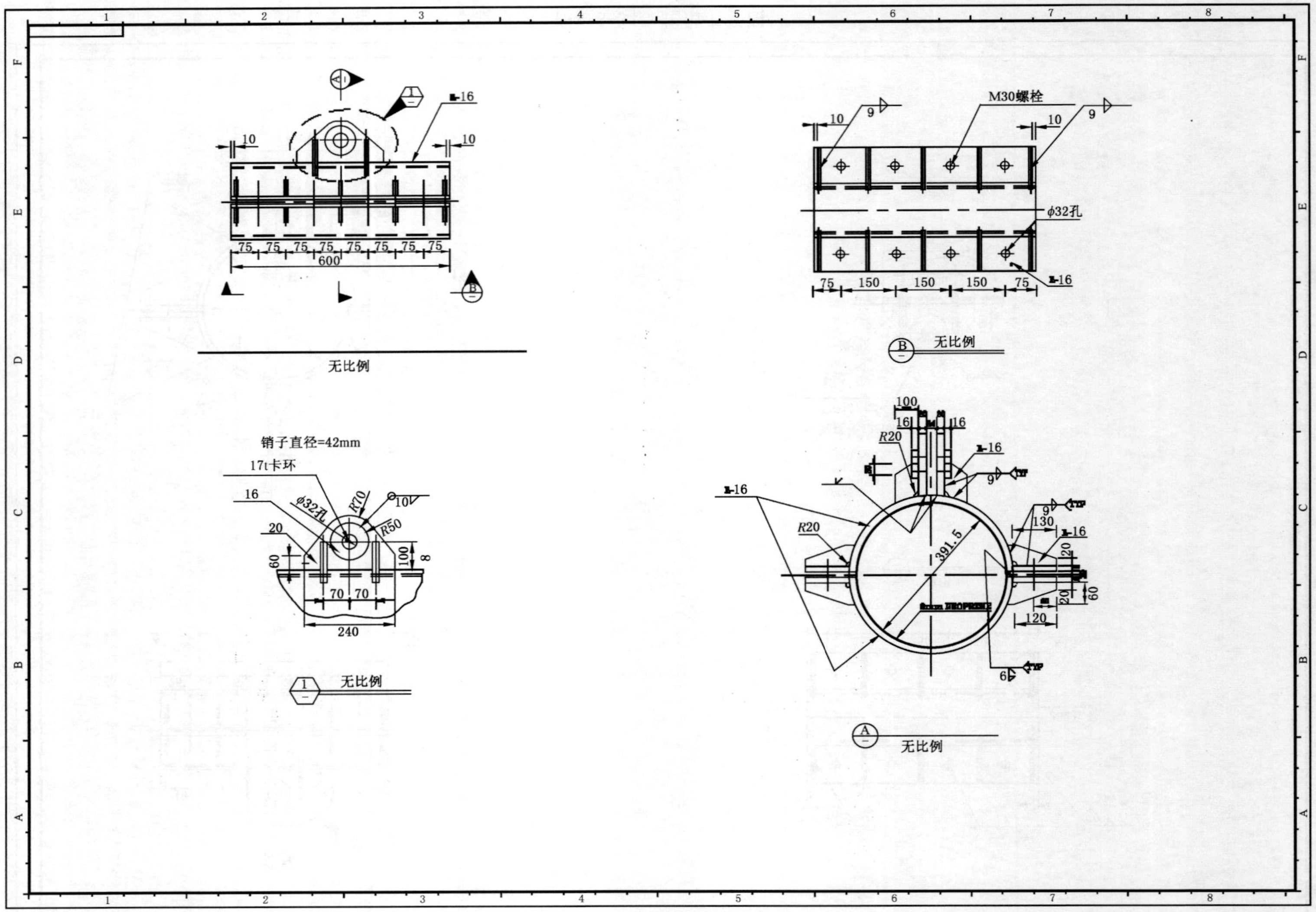

图8-8-35 撑杆卡子图

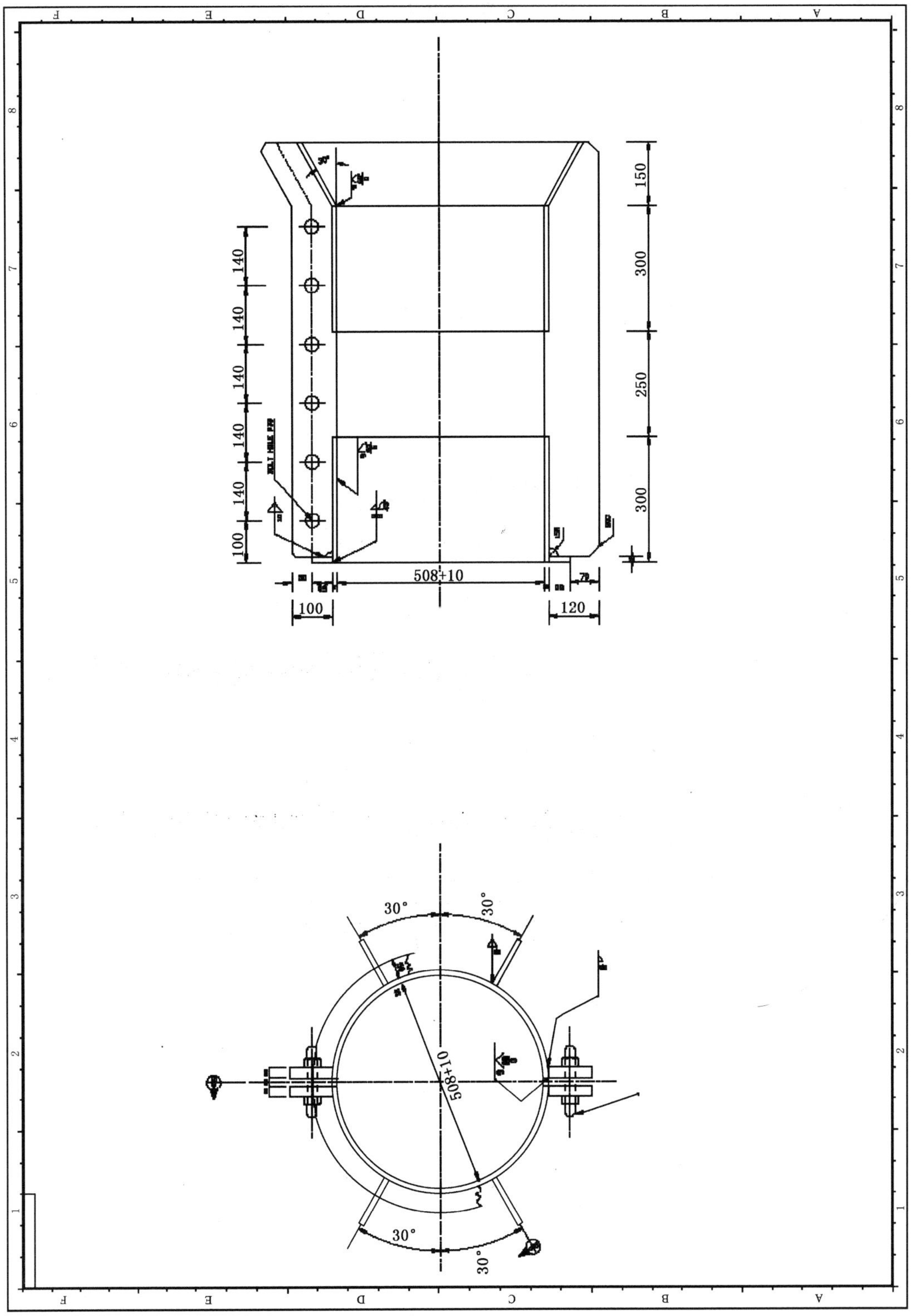

图8-8-36　立管与管道组对卡子图

第五节　装船程序

海底管道从制造场地驳运到海上施工现场，在驳运前，应根据船舶的驳运能力及海底管道不同种类至少作好以下几项工作：

海底管道装船设计；

驳船运输稳性分析；

海底管道装船固定强度校核；

驳船船体强度校核。

一、海底管道装船设计

1. 绘制装船图

管道在甲板上的布置通常有以下两种方式（见图8－8－37、图8－8－38）。

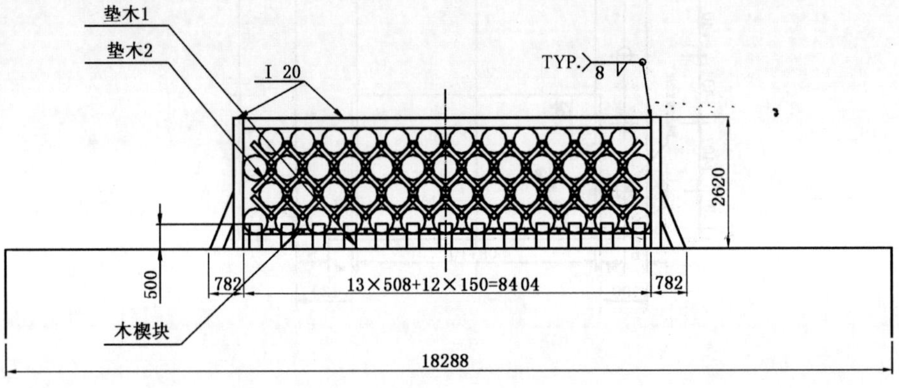

图8－8－37　管道在甲板上的布置(1)

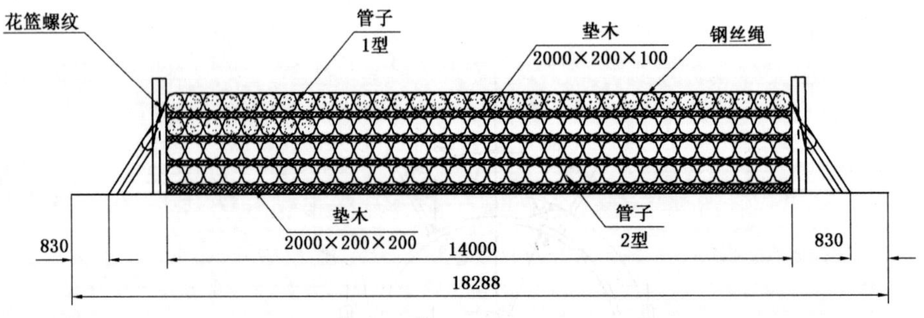

图8－8－38　管道在甲板上的布置(2)

2. 堆高计算

管子堆放高度可用力学方法进行计算，实际运输中一般不超过8层。涂敷煤焦油或沥青的海底管道、水泥配重管，海底管道堆放高度有限制。需进行堆高计算，堆高计算为：

$$n = \frac{f_s \times I}{0.159 \times \sigma \times R \times C} + 1 \qquad (8-8-1)$$

式中　n——堆放层数；

f_s——涂层抗拉极限强度，kg/mm^2；

I——总惯性矩，mm^4；

σ——$G/L = g \times l/L$,kg/mm;

g——每 mm 重量,kg;

l——管长,mm;

L——接触面沿管中心线长度,mm;

R——半径,$R = D/2 + Y_n - d_s$,mm;

D——包括外层总直径;

d_s——所有层厚度;

Y_n——中性轴距最内层内沿距;

C——最大弯矩处,mm;

$C = d_s - Y_n$。

二、驳船运输稳性分析

1. 使用的程序

使用 MOSES 程序,驳船装载货物后,需做驳船运输完整和破舱稳性分析。

2. 数据文件(aaa. dat,aaa. com)

(1)aaa. dat:建立船舶坐标系,一般定义船底部船艏 C 处为坐标原点,沿船长度方向为 X 轴,船底部平面自 X 轴逆时针方向旋转 90°为 Y 轴,自原点垂直向上为 Z 轴。见图 8-8-39。

首先根据船舶的型线图、稳性计算书、舱室图等,定义船体、住舱、调载舱及附属物的重量和位置;然后根据装载物的尺寸、重量及在驳船上的位置,将装载物的重量、重心、受风面积值输入到文件中。

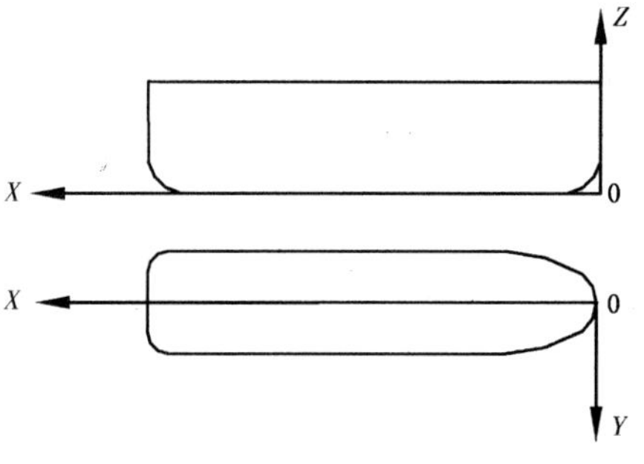

图 8-8-39　坐标系

(2)aaa. com:定义船舶原点吃水、横倾、纵倾角度,设计风速、调载方案、破舱选择、稳性曲线等。

吃水:驳船的吃水一方面要足够小,以给出足够的干舷高度和稳性,另一方面吃水又要足够大,以减少运动和波浪冲击。根据装载货物的多少,驳船的拖航平均吃水为型深的 35%~60%;技术规格书有特殊要求的以技术规格书为准。

横倾:如驳船为可调载的船舶,横倾角度为 00;对不能调载的驳船,应调整货物的位置,使横倾角度调为最小。

纵倾:应选择适当的纵倾以便于船舶的方向控制,通常选取艉倾,其倾斜度为水线长度的 1%。

设计风速:完整稳性风速取一分钟平均风速,没有规定或缺少资料时,完整稳性风速取 100 节(50m/s)。

破舱稳性风速取 50 节(25m/s),如更小用完整稳性设计风速。

调载方案:对可调载的船舶,参与调载的压载舱应加以选择并尽量少,如可能则水应充满压载舱,其他舱则应是空的。

破舱选择:在任何一个舱进水或开口后,拖航应有正稳性。破损舱应选择对船舶稳性最不利的位置,通常选择船头或船尾的舱室。如一个充满水的舱室开口比一个空舱进水更为严重时,应考虑满舱破损。

稳性曲线:包括驳船完整稳性和破舱稳性曲线;图中水平轴为船舶横摇角(度),左边垂直轴为扶正力臂(m),右边垂直轴为扶正力臂(力矩)曲线下面积与风倾力臂(力矩)曲线下的面积比。

3. 计算操作过程

在 DOS 下运行。

c:\tidy aaa

c:\moses aaa

计算结果文件为 aaa. out,稳性曲线图为 aaa. gdv。

4. 报告

从 aaa. out 文件中,读取船舶的艏吃水、横倾、纵倾值,计算船舶的进水角,在稳性曲线图中查出在进水角处的扶正力臂(力矩)曲线下面积与风倾力臂(力矩)曲线下面积的比值,此比值应不小于 1.4。

根据完整稳性的计算结果,标出船舶压载水舱的压载布置图。

三、海底管道装船固定强度校核

海底管道装船固定通常采用加边挡的形式,边挡一般选用工字钢或 H 型钢。

1. 计算方法

(1)在刚体运动方法中,荷载组合可采取下述两种:

横摇 + 升沉 + 结构自重;

纵摇 + 升沉 + 结构自重。

(2)计算允许应力可以提高 1.33 倍。

(3)上述计算中的运动加速度值(或振幅)、周期,从技术规格书中查找。在没有数据资料时,可参照表 8-8-1。

表 8-8-1 没有运动加速度值的数据资料参照表

型式	单幅(在 10s 全循环周期)		
	横摇	纵摇	升沉
小货驳(总长小于 76m,或者宽度小于 23m)	25°	15°	0.2g
大驳船	20°	12.5°	0.2g
小船	30°	15°	0.2g

2. 力的计算

由货物自重和惯性产生的力如下:

横向力:

$$F_{\mathrm{T}} = \frac{W \cdot 4\pi^2 \cdot \phi \cdot z}{g \cdot T_{\phi}^2} + \frac{W \cdot 4\pi^2 \cdot h \cdot \sin\phi}{g \cdot T_{\mathrm{h}}^2} + W \cdot \sin\phi \tag{8-8-2}$$

纵向力:

$$F_{\mathrm{L}} = \frac{W \cdot 4\pi^2 \cdot \theta \cdot z}{g \cdot T_{\theta}^2} + \frac{W \cdot 4\pi^2 \cdot h \cdot \sin\theta}{g \cdot T_{\mathrm{h}}^2} + W \cdot \sin\theta \tag{8-8-3}$$

横摇时的垂向力:

$$F_{\mathrm{PR}} = \frac{W \cdot 4\pi^2 \cdot \phi \cdot y}{g \cdot T_{\phi}^2} + \frac{W \cdot 4\pi^2 \cdot h \cdot \cos\phi}{g \cdot T_{\mathrm{h}}^2} + W \cdot \cos\phi \tag{8-8-4}$$

纵摇时的垂向力:

$$F_{PP} = \frac{W \cdot 4\pi^2 \cdot \theta \cdot x}{g \cdot T_\theta^2} + \frac{W \cdot 4\pi^2 \cdot h \cdot \cos\theta}{g \cdot T_h^2} + W \cdot \cos\theta \qquad (8-8-5)$$

式中 W——货物重,tons;

g——重力加速度,m/s^2;

ϕ——横摇振幅,rad;

T_ϕ——横摇周期,s;

θ——纵摇振幅,rad;

T_ϕ——纵摇周期,s;

h——升沉振幅,m;

T_h——升沉周期,s;

z——平均水线至货物重心的垂直距离,m;

y——船中心线至货物重心的横向距离,m;

x——从纵摇轴(船舶纵摇轴未知时,通常从船中向船尾方向移0.167船长)至货物重心的水平距离,m。

3. 边挡的校核

(1)横向边挡校核:

用SACS程序来校核横向边挡,作用在边挡上的横向力分层计算见下图。

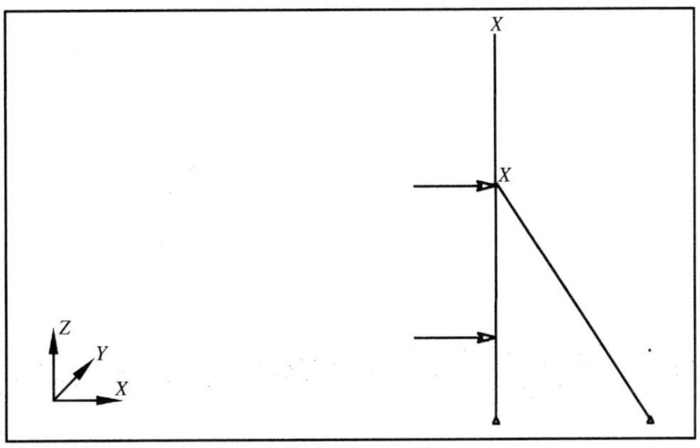

(2)纵向边挡校核:

船舶纵摇时,首先计算管道(或垫木)与船甲板之间的摩擦力:

$$F = W \times \cos\theta \times \mu \qquad (8-8-6)$$

式中 W——货物重;

θ——船舶纵摇角度;

μ——摩擦系数。

① 当F_L小于F时,摩擦力就可满足要求;

② 当F_L大于F时,纵向边挡承受的纵向力为$F_L - F$,之后,用SACS程序来校核边挡,其方式与横向边挡的校核相同。

四、驳船船体强度校核

货物在运输过程中产生的垂向力F_{PR}、F_{PP},选其中较大的力校核船体强度。计算中,海底管道直接摆放在船甲板上时,计算面荷载,与甲板设计面荷载作对比;海底管道下摆放垫木的,计算线荷载,与船甲板梁线荷载作对比。

第六节 安装程序

安装程序应包括下面的主要内容。

一、项目概述

1. 项目简介

项目情况的简要介绍,叙述工作范围,描述要完成该项目的主要工作顺序承包商情况、投入的主要设备等。

2. 工程设计、施工依据的标准和规范

按照设计规格书中的要求,列出工程设计、施工需要依据的行业标准和规范。

3. 支持文件

支持安装程序和施工,或程序中涉及到的设计文件和计算报告,如:

(1)相关的图纸;

(2)应力计算报告;

(3)焊接程序及焊缝返修程序;

(4)检验程序;

(5)节点保温和防腐程序;

(6)阳极安装程序;

(7)起、抛锚程序;

(8)陆地预制程序;

(9)QA/QC 程序;

(10)安全应急程序等。

4. 环境数据

摘录主要的环境数据,如:水深、潮高、流速、海浪、地质情况和主要设施的坐标。

5. 作业极限条件

列出主施工船的施工、待机和避风操作的极限环境条件。

二、组织机构

海上施工组织机构图参见图 8-8-40。

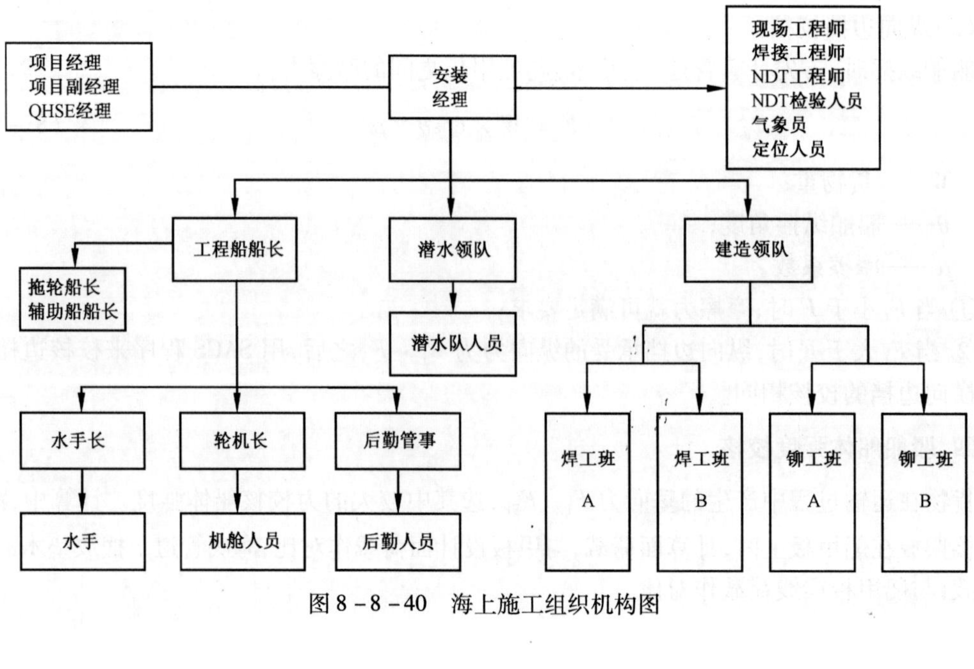

图 8-8-40 海上施工组织机构图

三、安装计划

安装计划至少应包括如下内容：

(1)海管装船固定；

(2)主作业船作业线调整；

(3)拖航赴现场；

(4)就位；

(5)安装托管架；

(6)海管铺设；

(7)拆卸托管架；

(8)立管膨胀弯安装；

(9)海管后挖沟；

(10)清管试压；

(11)排水干燥；

(12)水泥压块安装。

四、铺管程序

1. 综述

简要介绍需要铺设的管道情况以及总的铺管施工描述。

2. 起始铺设

起始铺设通常采用起始锚法和起始缆拴在导管架上的方法(图 8－8－41)。下面简要叙述两种操作方法。

1)起始缆拴在导管架上的方法

(1)铺管船抛锚就位,可以附上就位图；

(2)将预先准备好的起始缆连接到导管架的腿上；

(3)连接起始缆的另一端到铺管船上已预制管道的封头上；

(4)开始管道焊接,铺管；

(5)管道着地后,潜水员检查管端情况；

(6)没有异常情况,就可以进入正常管道铺设。

2)起始锚法

(1)在管道的设计路线的延长线上抛下起始锚；

(2)将起始锚缆的另一端连接到铺管船上已预制管道的封头上；

(3)张紧器夹住管道,对起始锚进行拉力试验；

(4)拉力试验通过后,开始管道焊接,铺管；

(5)如果拉力试验没有通过,需要重复(1)～(4)步骤；

(6)管道着地后,潜水员检查管端情况；

(7)没有异常情况,就可以进入正常管道铺设。

3. 正常铺设

起始完成之后,就进入正常铺设阶段。

1)单层管的铺设

(1)运管驳船靠铺管作业船；

(2)从驳船上吊管子到铺管作业船上的堆管架；

(3)将管子通过传送线送到准备台架上进行组对前的坡口准备；

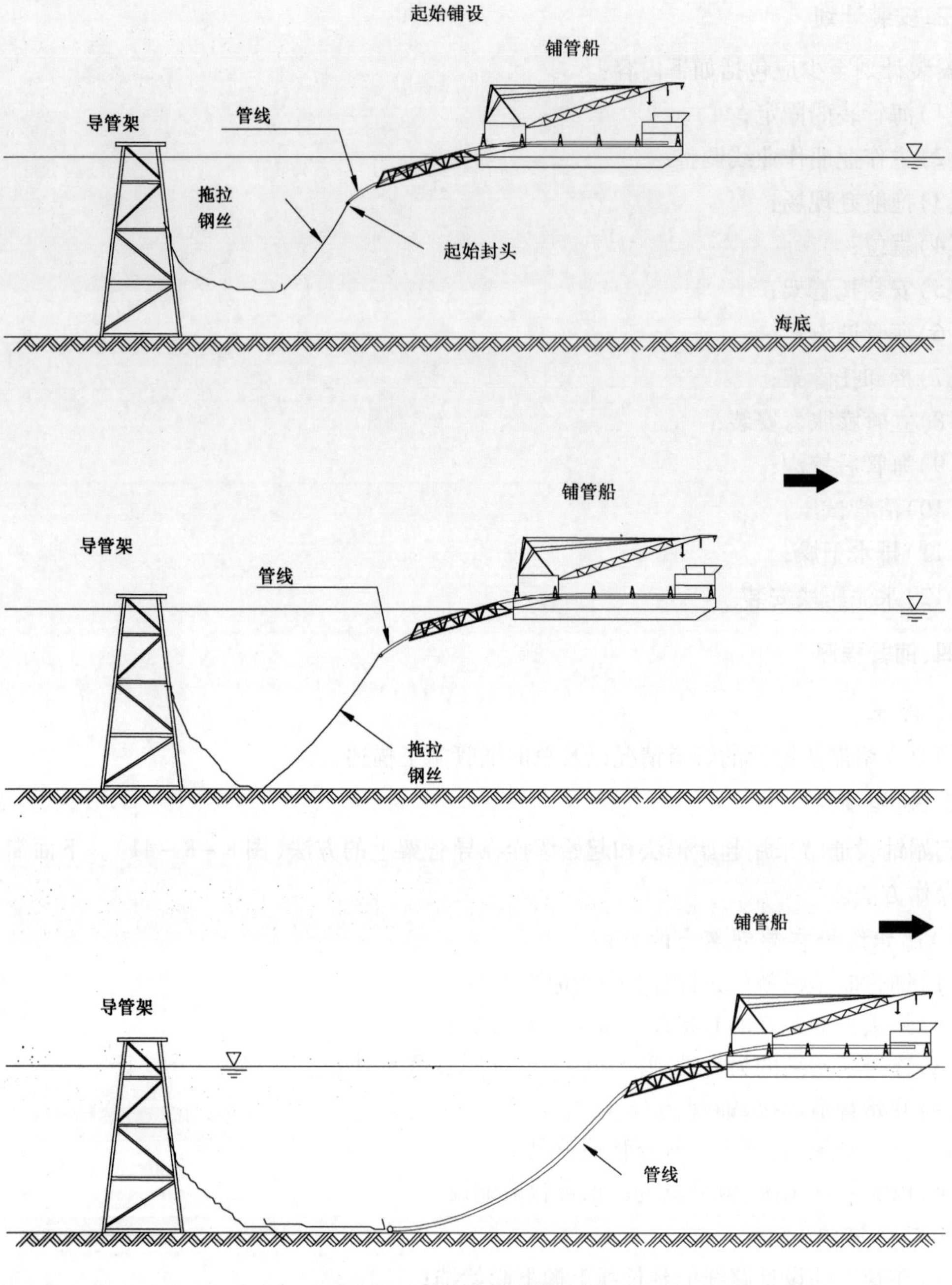

图 8－8－41　起始铺设图

(4)管道进入作业线开始组对、焊接、检验、节点防腐工作。可以根据铺管作业船上的作业站合理分配以上的管道作业；

(5)所有工作站的工作完成后，向前移船，开始下一根管的对接工作。

2)双层管铺设

(1)运管驳船靠铺管作业船；

(2)从驳船上吊管子到铺管作业船上的堆管架；

(3)将管子通过传送线送到准备台架上进行组对前的坡口准备；

(4)管道进入作业线开始进行内口的组对、焊接、检验、节点保温的工作；内口完成后，组对外口，然后开始焊接、检验、节点防腐工作。可以根据铺管作业船上的作业站合理分配以上的管道作业；

(5)所有工作站的工作完成后，向前移船，开始下一根管的对接工作。

4. 弃管

弃管分为临时弃管和终止铺设弃管两种。临时弃管是指在正常铺设期间,由于气候变化或者其他不利因素,为了管道的安全临时将管道弃到海底,等条件允许后,回收管道继续铺设。

终止铺设弃管是指管道铺设到设计位置后的弃管。弃管前,需要计算管道的长度,确定最后一根管的焊接位置,以保证弃管后,管头在设计位置。如有必要,最后一根管子的长度可以按需要调整。

弃管施工步骤如下(图 8－8－42):

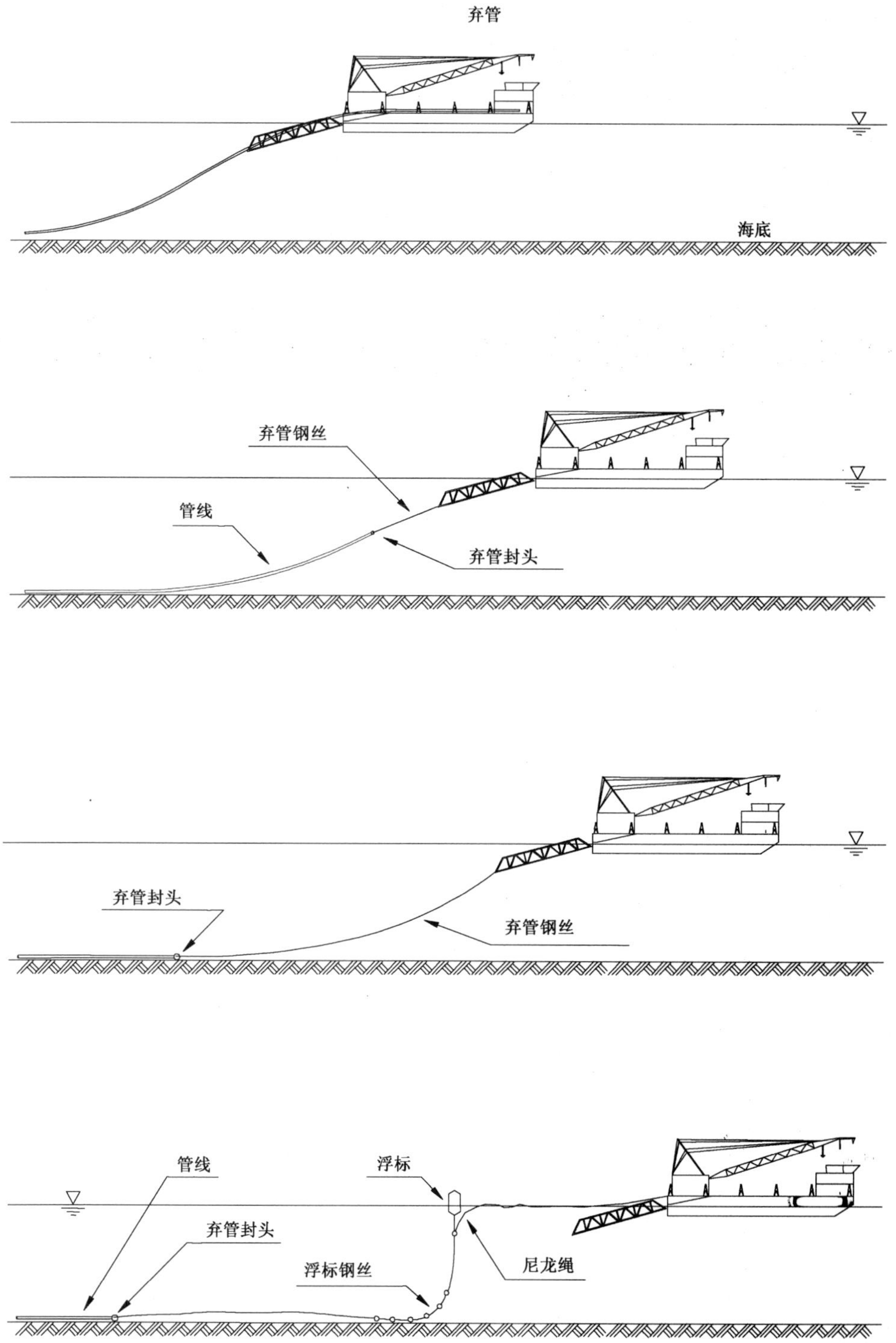

图 8－8－42　弃管图

(1)完成所有焊接作业站的工作；

(2)在管端焊接弃管封头；

(3)连接 A/R 绞车钢缆到弃管封头上，开始弃管；

(4)弃管封头到张紧器前，暂时停船，开始将张力从张紧器转换到 A/R 绞车上；

(5)张力转换完成后继续向前移船弃管，直到管道到海底。

5. 管道回收

当天气好转后，潜水员下水将 A/R 绞车钢缆联接到弃管封头上，开始退船回收管道(图 8－8－43)。

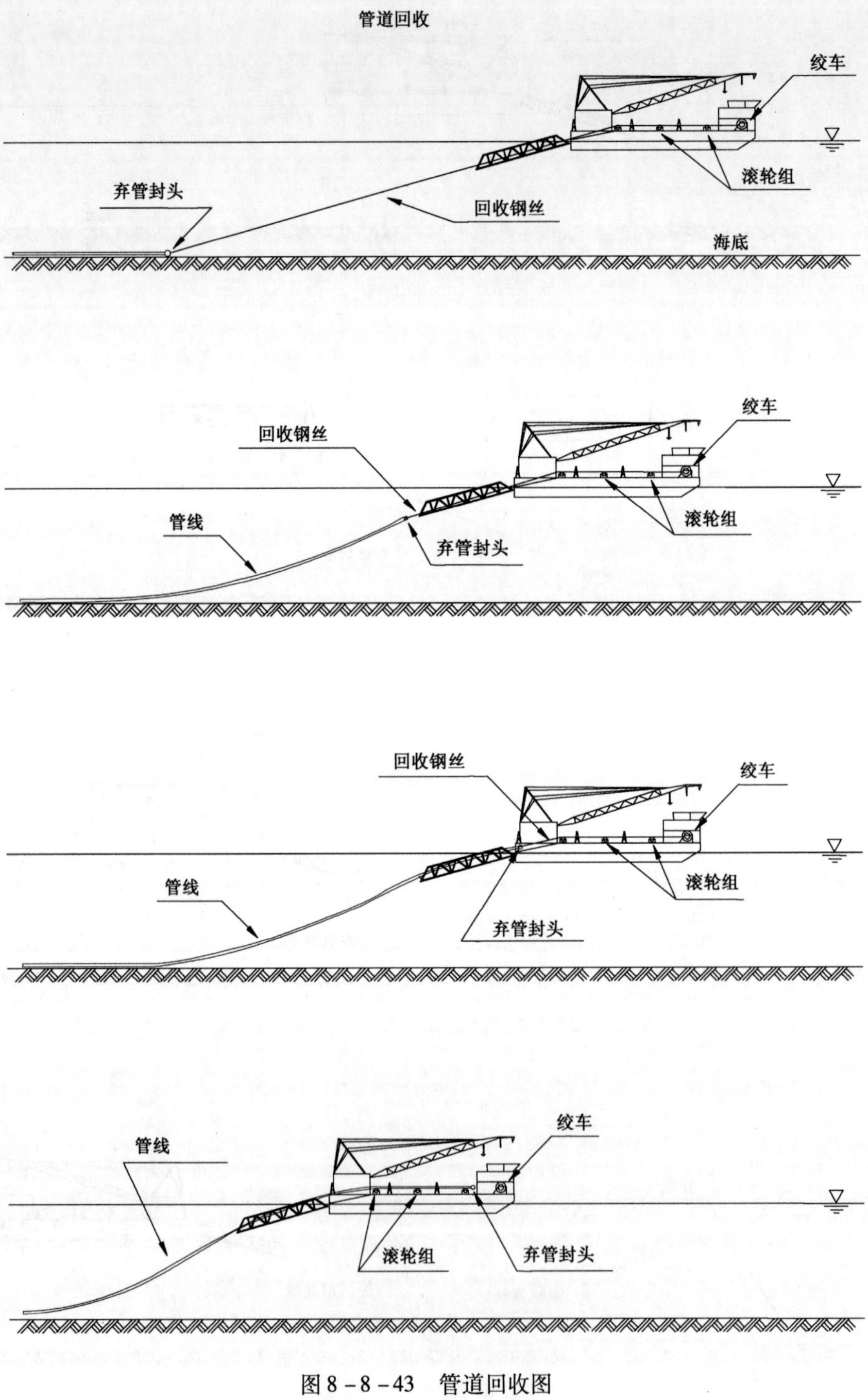

图 8－8－43　管道回收图

弃管封头出了张紧器后，停船，开始将张力从 A/R 绞车转换到张紧器上，在张紧器的作用下，继续退船，使用弃管封头到达第一站，切割弃管封头，继续管道铺设工作。

6. 登陆段铺设

登陆段由于水较浅，一般铺设方法是：铺管船进到安全水深的位置抛锚就位，利用铺管船上的设备进行管道组对、焊接、检验等工作，并利用在登陆点安装的绞车和铺管船上的张紧器协作，将一节节焊好的管道拖拉到登陆点。

1）登陆点施工准备

（1）大部分登陆点位于比较偏僻的地方，施工之前应先做好三通一平（通路、水、电，场地平整），设置安全区域，如果必要，还应建造适合的临时建筑；

（2）在设计的登陆点位置之前安装锚点和拖拉绞车；

（3）预挖沟。如果登陆点水流比较急，可采取打木桩、围堰的方式来降低水流对沟的影响；

（4）通过计算，如果铺管船必须进到小于安全水深的位置，应将铺管船就位的航线及就位位置挖至安全水深。同时也要考虑水流的影响。

2）铺设程序

（1）对预挖的管沟进行调查，回淤应作清理；

（2）铺管船在设计位置就位，抛锚；

（3）根据管道铺设计算结果，决定是否安装托管架；

（4）用渔船或小艇将一根尼龙绳从登陆点送到铺管船上；

（5）铺管船上将尼龙绳接到船艉的一根锚缆上，登陆点用一台辅助绞车将尼龙绳和所连接的锚缆拉到登陆点，并将锚缆接到登陆点拖拉绞车的钢丝绳上；

（6）将登陆点拖拉绞车的钢丝绳拉到铺管船艉；

（7）在进行以上工作的同时，利用铺管船上的设备进行管道组对、焊接、检验等工作，使用安装在管道上的拖拉头到达船艉；

（8）将登陆点拖拉绞车的钢丝绳连接到管道的拖拉头上；

（9）登陆点拖拉绞车将钢丝绳收紧至设计张力，检查绞车固定状况；

（10）放松钢丝绳，潜水员沿钢丝绳检查；

（11）铺管船上，根据管道铺设计算的结果，在管道设计位置绑扎浮筒；

（12）铺管船用张紧器向登陆点送出已焊接好的管节，同时登陆点用拖拉绞车拖拉管节；

（13）铺管船上进行作业线内的工作，然后重复以上（11）、（12）的步骤，直至将管道拖拉至设计位置；

（14）检查拖拉头及管道的状况，如果出现管道变形，将继续进行拖拉作业，将没有变形的管道拖至设计位置，将拖拉头固定到预安装的锚点上，变形的管节可视施工状况进行切除。如果条件许可，也可不拖拉到设计位置，而在登陆点进行变形管节的切除、新管节的组对、焊接、检验及涂层处理等工作。

五、立管连接安装

立管安装可以分为整体安装方法和水下法兰连接方法。

1. 整体立管安装方法

（1）按照详细设计中立管安装图纸的要求，将立管主要部分预制出来，并准备好或焊接上相应附件，以节约海上作业时间。

（2）作业船在立管安装位置就位。

（3）水下测量。

(4)潜水员检查立管安装区域,清理和处理海底可能影响安装的情况。

(5)根据测量结果,完成剩余立管预制工作。

(6)清理并打开立管卡子。

(7)起吊管道。

(8)立管起吊(起吊前完成所有的焊接和防腐茶、挂扣、起吊)见图8-8-44。

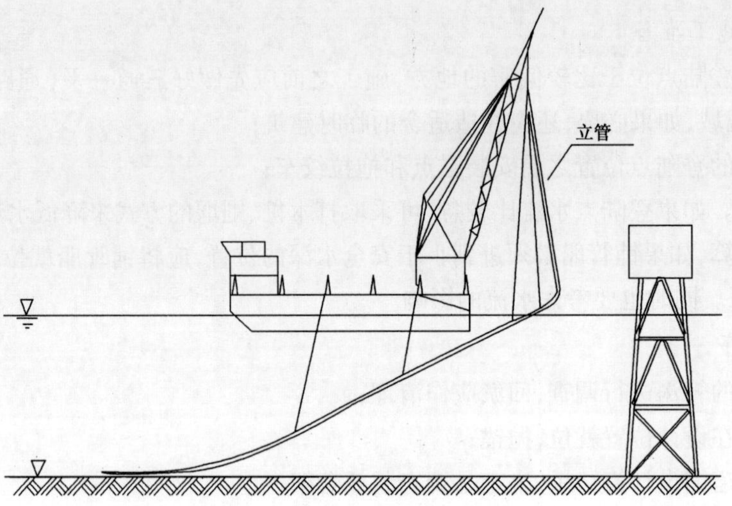

图8-8-44 立管起吊图

(9)立管起吊后,将立管和起出水面的管道组对、焊接。

对于双层管:

① 双层管内口的安装工作:

内口组对;

内口焊接;

内口检验;

安装保温层。

② 焊接外管:

安装半瓦;

焊接;

检验;

节点防腐。

(10)管道和立管焊接完成后,立管和管道整体下放、就位到立管卡子内,关闭立管卡子,上紧螺栓。

(11)摘扣。

2. 水下法兰连接方法

1)膨胀弯的预制

按照详细设计中膨胀弯安装图纸的要求,将膨胀弯主要部分预制出来,并准备好或焊接上相应附件,以节约海上作业时间。

2)管道法兰准备

如果管道在弃管时已经焊接了法兰,这一步可以省略。

如果管道没有焊接了法兰,需要将管道提出水面,焊接上法兰,再放入中。

3）膨胀弯连接安装（图 8－8－45）

（1）潜水员水下测量；

（2）根据测量结果，完成膨胀弯的剩余预制工作；

（3）挂扣、起吊；

（4）下放水下法兰连接，螺栓紧固；

（5）摘扣。

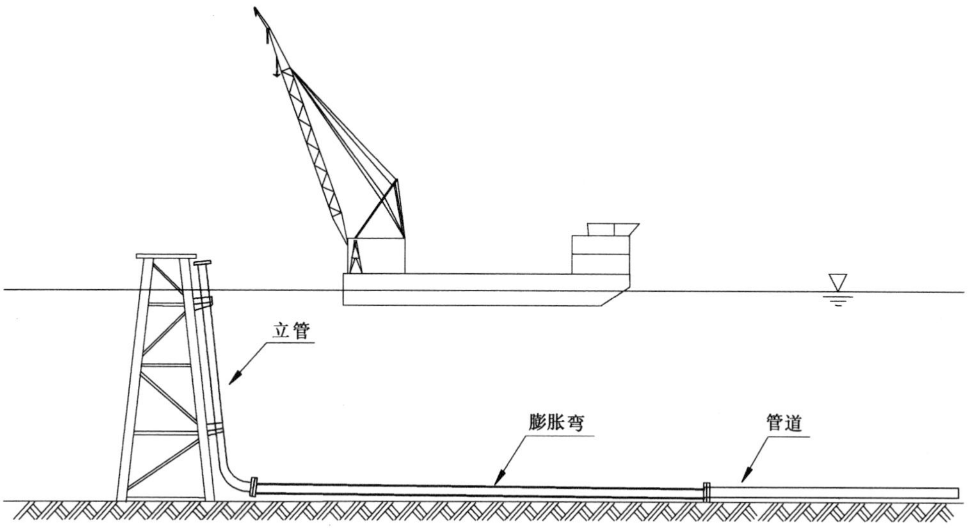

图 8－8－45　膨胀弯连接图

六、后挖沟

后挖沟一般是将挖沟设备（挖沟机或挖沟犁）放置在已铺好的海底管道上方或侧面，将海底支承管道的邻近土壤挖出满足设计深度的管沟，使管道在重力作用下沉到沟内。挖沟程序如下（图 8－8－46）：

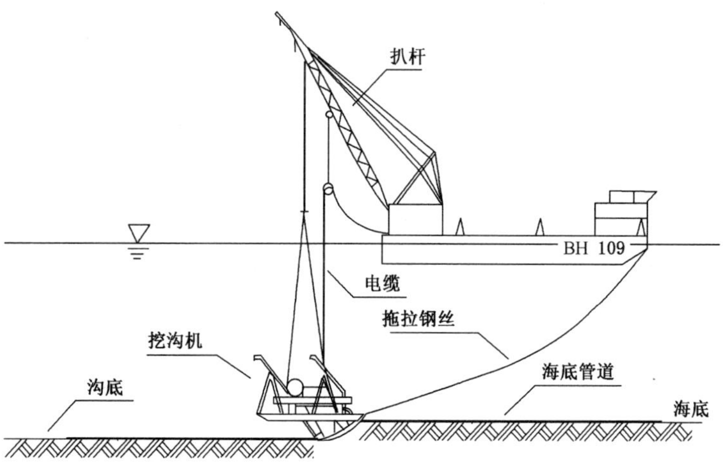

图 8－8－46　挖沟作业图

（1）挖沟作业船就位在海底管道正上方；

（2）将挖沟设备放入水中，并做设备功能试验；

（3）在潜水员、ROV 或声纳系统的引导下，将挖沟设备放在管道起始挖沟位置。注意，一般挖沟起始位置离管道水下法兰不小于 50m；

(4)开始挖沟,应注意控制挖沟设备的压力、电流及挖沟作业船的移船速度等因素,并利用安装在挖沟设备上的监视设备,实时控制,使挖出的沟深度、宽度均匀,满足设计要求;

(5)在出现设备异常或到了设计挖沟终止点时,把挖沟设备提出水面放到甲板上,然后对挖沟设备进行检查。

在挖沟过程中应派潜水员或 ROV 对挖出的沟、管道和挖沟设备的状态进行例行检查。

七、清管、试压程序

1. 清管程序

海底管道后挖沟完成之后,就可以进行清管、试压工作了。

清管的目的是清洗管内壁、测量管道是否有屈曲。

清管的准备工作有清管设备、清管介质和清管球 3 个部分。

设备主要有:发射、接收装置、清管泵、标定过的压力表、流量计,以及管路、接头等。

清管介质通常是淡水或者是加了防腐剂和缓蚀剂的海水。

清管球分为清洗球和测径球两种。

主要步骤如下:

(1)清管设备的连接、调试;

(2)在管道两端安装清管球发射和接收装置;

(3)按照顺序和间隔放入一组包括测量球在内的清管球组;

(4)启动清管泵,将清管球组从发射端推到接收端;

(5)在接收端接收、清点并检查清管球组;

(6)汇同业主、第三方检查接收到的清管球组和测量板;

(7)如果测量板没有损坏,并得到业主和第三方的认可,清管工作就可以结束;

(8)准备清管报告提交业主和第三方批准。

报告格式见表 8-8-2。

2. 试压程序

清管工作完成后,开始试压工作,如果没有特殊要求,可使用清管介质作为试压介质。不同的规范对管道试压的步骤要求不同,现将《海底管道系统规范》(SY/T 4804—92)的推荐作法描述如下:

(1)拆除清管发射、接收装置,焊上试压盲板;

(2)连接上试压泵、管路、仪表;

(3)从注射端增压,另一端排出管道内残余的空气。注水时如认为有必要,可加入荧光剂,以便查找海底管道和水下法兰连接的泄漏点;

(4)待稳定后,将压力缓慢加至试验压力(试验压力至少应为设计压力的 1.25 倍。试压时环向应力一般不应超过额定最小屈服极限的 90%)。在这期间要记录时间、注入介试压介质量、压力、海水温度、空气温度等值;

(5)稳定;

(6)稳压检查。稳压期一般应为 24h。在稳压期间,每半个小时应记录一次压力;

(7)缓慢卸压至大气压力;

(8)编写、提交报告。

试压应有业主指定的第三方检验人员现场作证。试验压力变化小于 ±0.2% 应认为试验合格。

报告格式见表 8-8-3、表 8-8-4 和表 8-8-5。

表8－8－2　清管记录表

清　管　记　录　表			
项目名称：			
业主：		承包商：	
管段　自：		至：	
管段长度：		管段容积：	
管子特征(直径、壁厚、钢材等级、管子类型)：			
清管球：		测量球：	
清管日期：			
记录员：			
现场工程师：			
	时　间	压　力,kPa	描　述
1			
2			
3			
4			
5			
6			
7			
8			
9			
10			
备注：			

表 8-8-3　静水压力试验报告

静水压力试验报告

报告号:______

业主:______

管道概况:______

试验承包商:______

施工承包商:______

试验技术要求:______

试验管段:自______ 至______

泵位置:______

压力记录仪位置(高程):______

试验管段长度:______ 试验管段容积:______

被试管子(尺寸、壁厚、等级、管型和厂家):______

______

试验介质的类型和来源:______

添加剂:______ 数量:______

染色剂:______ 数量:______

防腐剂:______ 数量:______

静压试验仪编号:______

强度试验压力:______

试验开始:______ Pa 试验结束:______ Pa

严密性试验压力:______

试验开始:______ Pa 试验结束:______ Pa

强度试验开始时间和日期:______

结束:______

严密性试验开始时间和日期:______

结束:______

说明:______

______

______

______

业主代表:______ 日期:______

承包商代表:______ 日期:______

第三方代表:______ 日期:______

附件:

压力—时间图

压力—容积图

温度—时间图

仪表校准图表

表 8－8－4　静水压力试验加压记录表

<table>
<tr><td colspan="4">静水压力试验加压记录表</td></tr>
<tr><td colspan="4">项目名称：</td></tr>
<tr><td colspan="3">业主：</td><td>承包商：</td></tr>
<tr><td colspan="3">试验管段　自：</td><td>至：</td></tr>
<tr><td colspan="3">管段长度：</td><td>管段容积：</td></tr>
<tr><td colspan="4">管子特征（直径、壁厚、钢材等级、管子类型）：</td></tr>
<tr><td colspan="4">静载压力记位置（高程）：</td></tr>
<tr><td colspan="3">试验介质：</td><td>试验日期：</td></tr>
<tr><td colspan="3">记录员：</td><td>现场工程师：</td></tr>
<tr><td></td><td>时　　间</td><td>压　　力①，Pa</td><td>描　　述</td></tr>
<tr><td>1</td><td></td><td></td><td></td></tr>
<tr><td>2</td><td></td><td></td><td></td></tr>
<tr><td>3</td><td></td><td></td><td></td></tr>
<tr><td>4</td><td></td><td></td><td></td></tr>
<tr><td>5</td><td></td><td></td><td></td></tr>
<tr><td>6</td><td></td><td></td><td></td></tr>
<tr><td>7</td><td></td><td></td><td></td></tr>
<tr><td>8</td><td></td><td></td><td></td></tr>
<tr><td>9</td><td></td><td></td><td></td></tr>
<tr><td>10</td><td></td><td></td><td></td></tr>
<tr><td>11</td><td></td><td></td><td></td></tr>
<tr><td>12</td><td></td><td></td><td></td></tr>
<tr><td colspan="4">说明：①——从静载压力记读取</td></tr>
</table>

表 8－8－5　静水压力试验压力记录表

静水压力试验压力记录表

试验管段　自：　　　　至：

记录员：　　　　日期：

序号	时间	压力[1] Pa	压力变化 Pa	空气温度 ℃	海水温度[2] ℃

说明：① 一从静载压力记读取；
② 一海底温度

第七节　完 工 报 告

一、定位报告

海底管道全部完工后，定位分包商应提供定位完工报告，内容主要包括：

(1)定位设备及人员情况；

(2)铺管船拖航航迹报告；

(3)铺管船起抛锚报告；

(4)铺管设计路由及实际路由记录报告；

(5)其他相关资料。

二、材料跟踪记录

(1)管道陆地预制记录；

(2)管道铺设现场记录；

(3)立管及膨胀弯预制记录等。

三、检验报告

海底管道完工后，检验分包应提供检验完工报告，内容主要包括：

(1)组对报告；

(2)RT 检验报告；

(3)UT 检验报告；

(4)针孔检验报告等。

四、清管、试压报告

(1)清管报告(按照时间记录海水及空气温度、记录注水压力等)；

(2)清管结束后清管球、测量板的照片；

(3)试压报告；

(4)试压打压记录；

(5)自记压力计记录报告；

(6)静载压力计记录报告；

(7)各种仪表及器材的标定证书等。

五、潜水报告

(1)潜水日报；

(2)潜水工作报告。

六、海底预调查、后调查报告

这项工作是由定位分包商根据水深测量、旁侧声纳测量、浅地层剖面测量的结果，进行综合分析，得出该区域的实际地形地貌数据，做出完工报告。

第九章　海底电缆安装设计

第一节　安装方法

海底电缆分为动力电缆、通讯电缆或复合电缆。

电缆铺设可以分为滚筒式铺设和退扭架式铺设两种方式。

海底电缆的挖沟方式分为预挖沟和同步挖沟。预挖沟是先挖沟后铺缆；同步挖沟是用挖沟犁边挖沟边铺设。

第二节　船舶和机具

一、船舶

对于长距离的电缆或光缆铺设，特别是跨洋海底电缆和深水电缆，需要使用专门的动力定位电缆铺设船进行铺设。

我们遇到比较多的是平台间的短距离电缆，经常利用可锚泊的驳船，而铺设方式又分为滚筒式铺设和退扭架式铺设。滚筒式铺设是将一根转动轴穿过电缆滚筒，放在电缆铺设支架上，通过电缆滚筒的转动进行电缆铺设。退扭架式铺设，是将电缆滚筒横放在驳船上，通过电缆滚筒上方的退扭架将电缆从滚筒中抽出，再经过其他铺设装置进行铺设。

电缆施工驳船铺设，要求驳船能够适应在作业海域工作，具有保证安全作业的锚泊系统，配备用于驳船拖航和抛锚的拖轮。

二、铺电缆机具

(1)电缆支架；

(2)刹车系统；

(3)电缆张紧器；

(4)电缆长度的记数器；

(5)铺设尾架；

(6)抽电缆入电缆护管的索具，吊车或绞车。

第三节　计算分析

海底电缆铺设需要进行以下计算分析。

一、铺设张力

$$T_o = Wh[1 - V/v\sin\alpha \times (1 + m - \cos\alpha)] \qquad (8-9-1)$$

式中　T_o——铺设张力，kg；

W——电缆水中重量，kg/m；

h——作业水深(m)＋施工船干舷高，m；

v——施工船移动速度,km/h;

v——电缆入水速度(一般取 V),km/h;

α——电缆入水角度,degrees;

m——电缆松弛度一般取 0.2。

二、需要的刹车力

$$T_1 = (W \times D) \times 2 + T_o \qquad (8-9-2)$$

式中 安全系数:2

T_1——刹车力,kg;

D——作业水深,m;

T_o——电缆铺设张力,kg;

W——电缆水中重量,kg/m。

三、停船时电缆入水角度和铺设张力

$$T_2 = Wh \times 1/(1 - \cos\alpha) \qquad (8-9-3)$$

$$L = h \times \sin^{-1}(\tan\alpha)/(\sec\alpha - 1) \qquad (8-9-4)$$

式中 T_2——停船时张紧器的张力,kg;

L——电缆着地点到船尾的水平距离,m;

α——电缆入水角。

电缆铺设示意图见图 8-9-1。

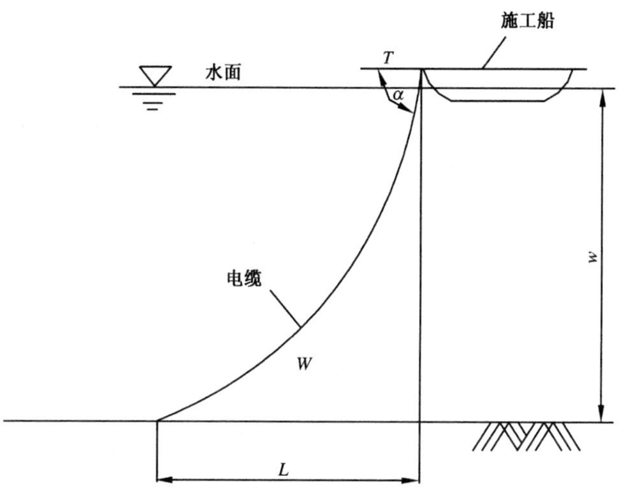

图 8-9-1 电缆铺设示意图

四、电缆入水角

$$\cos\alpha = \{1 + 1/4 \times (H/v)^4\}^{1/2} - 1/2 \times (H/v)^2 \qquad (8-9-5)$$

$$H = \{2 \cdot g \cdot W/(c \cdot \rho \cdot d)\}^{1/2} \qquad (8-9-6)$$

式中 α——电缆入水角,degrees;

H——入水长度;

c——摩擦系数:

ρ——海水密度,kg/m^3;

d——电缆直径,m;

g——重力加速度,m/s^2;

V——铺设速度,m/s;

W——电缆水中重量,kg/m。

第四节　安装程序

一、电缆装船

将铺设设备按照设计图纸中施工图的要求布置、固定，将电缆和电缆铺设机具装上船并做好固定。

二、电缆铺设

电缆的铺设可以分为起始、正常、终止3个阶段。铺设中应按照规格书和计算的要求，保证电缆的曲率和张力。滚筒式电缆铺设和退扭架式电缆铺设示意图见图8－9－2和图8－9－3。

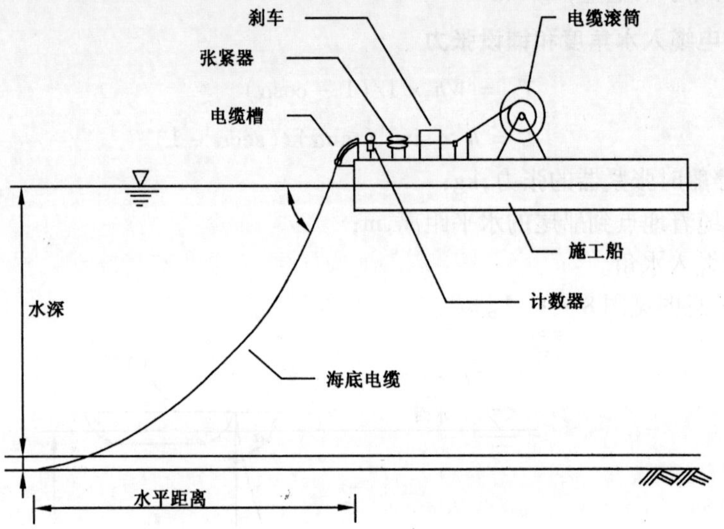

图8－9－2　滚筒式电缆铺设示意图

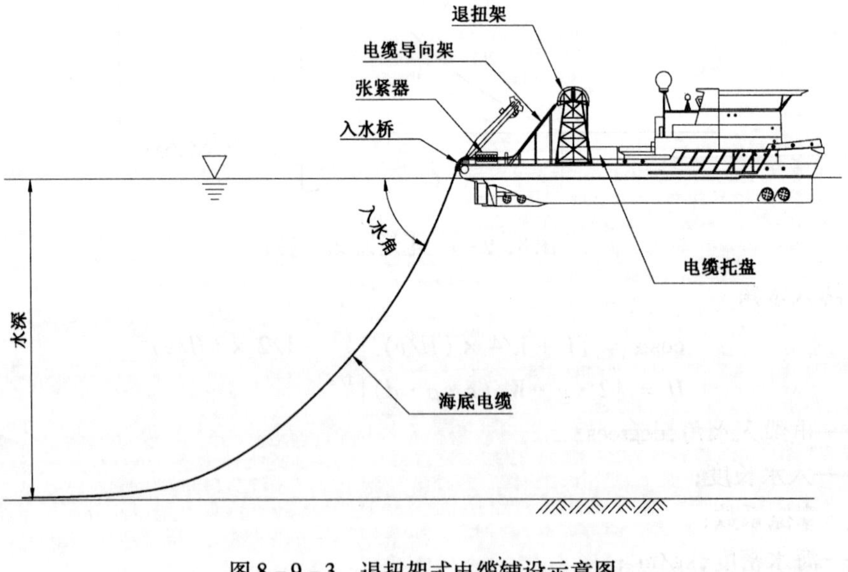

图8－9－3　退扭架式电缆铺设示意图

1）铺设准备

（1）开始电缆铺设前，需要按照设计在施工船上布置电缆铺设设备，并做好设备的检查调试。

(2)潜水员下水检查电缆护管情况,管内清理,检查海底情况。

(3)从顶部穿一根牵引钢丝到电缆护管内。

2)起始铺设

(1)施工船舶就位;

(2)电缆头在甲板上做好防水处理后,连接上拖拉索具,放入水中;

(3)潜水员在水下将电缆护管内的牵引绳与拖拉索具连接好;

(4)用吊机或绞车拉电缆护管另一端的牵引绳直到把电缆头抽出;

(5)预留出适宜电缆连接的长度;

(6)在水上、水下固定住电缆;

(7)沿着电缆设计路线铺设。

3)正常铺设

电缆固定后,开始正常铺设。铺设过程中要注意铺设速度,监控电缆出入水角度和张力,通过张紧器和刹车控制铺设张力和入水角度。

移船过程中,定位系统引导电缆铺设到设计线路中。

4)终止铺设

(1)铺设电缆到终点后,潜水员下水检查电缆护管情况,并清理管口。

(2)电缆端部要绑一些浮球;

(3)潜水员在水下将电缆护管内的牵引绳与拖拉索具连接好;

(4)将电缆弃到水里,通过浮球保持电缆在水中的曲率;

(5)用吊机或绞车拉电缆护管另一端的牵引绳直到把电缆头抽出;

(6)预留出适宜电缆连接的长度;

(7)在水上、水下固定住电缆;

三、电缆试验

电缆铺设完成后,应按照规格书和规范的要求,进行电缆试验,包括:直流高压试验、导通试验、绝缘试验,并提供报告。

第五节　完 工 报 告

电缆的完工报告包括以下几方面:

(1)施工程序文件;

(2)电缆实际路线图(包括关键点坐标);

(3)铺设定位报告;

(4)潜水报告;

(5)电缆试验报告;

(6)业主的完工确认报告。

附录二 《施工设计、完工设计技术文件典型目录》

序号	图纸及技术文件名称	加工设计	安装设计	调试	完工设计
1	总体专业				
1.0	图纸文件目录				○
1.1	总体布置图				
	(1)油气田开发总体布置图				○
	(2)平台设施立面布置图				○
	(3)平台设施平面布置图				○
	(4)浮式生产装置模块立面布置图				○
	(5)浮式生产装置模块平面布置图				○
1.2	设备布置图				
	(1)平台甲板设备布置图				○
	(2)浮式生产装置设备布置图				○
2	工艺专业(略)				
3	安全消防专业(略)				
4	配管专业(略)				
5	机械动力专业(略)				
6	容器专业(略)				
7	电气专业(略)				
8	仪表专业(略)				
9	通信专业(略)				
10	平台结构专业(略)				
11	海管结构/海缆专业				
11.0	图纸文件目录	○			○
11.1	施工设计规格书	○			
11.2	设计图纸				
	(1)海管总布置图				○
	(2)立管布置图				○
	(3)管道走向图				○
	(4)海缆走向图				○
	(5)管体详图				○
	(6)海管附件图				○
12	焊接专业(略)				
13	防腐专业(略)				
14	安装设计				

续表

序号	图纸及技术文件名称	加工设计	安装设计	调试	完工设计
14.0	图纸文件目录		○		○
14.1	计算分析报告				
	(1)吊装分析报告		○		○
	(2)驳船运输过程强度计算报告		○		○
	(3)结构物运输过程强度计算报告		○		○
	(4)结构物固定强度校核计算		○		○
	(5)驳船强度校核报告		○		○
	(6)驳船调载计算报告		○		○
	(7)钢桩/隔水套管可打入性分析报告		○		○
	(8)钢桩/隔水套管自由站立强度分析报告		○		○
	(9)管道铺设开始分析		○		○
	(10)管道正常铺设分析		○		○
	(11)管道铺设终止分析		○		○
	(12)海底调查报告		○		○
14.2	程序文件				
	(1)装船程序		○		○
	(2)运输程序		○		○
	(3)调平程序		○		○
	(4)灌浆程序		○		○
	(5)安装程序		○		○
	(6)抛锚定位程序		○		○
	(7)清管试压程序		○		○
	(8)挖沟程序		○		○
14.3	安装图纸				
	(1)结构物装船布置图		○		○
	(2)码头吊装工艺图		○		○
	(3)垫墩设计图		○		○
	(4)作业船码头系泊布置图		○		○
	(5)拖拉系统和顶推系统布置图		○		○
	(6)驳船滑道布置图		○		○
	(7)钢桩/隔水套管及附件布置图		○		○
	(8)吊装索具运输绑扎图		○		○
	(9)起重船机具布置图		○		○
	(10)海上安装辅助工作平台设计图		○		○
	(11)结构物海上吊装工艺图		○		○
	(12)作业船海上系泊图		○		○
	(13)铺管船就位图		○		○
	(14)管道正常铺设图		○		○
	(15)管道起始铺设图		○		○
	(16)管道终止铺设图		○		○
	(17)管道回收图		○		○

续表

序号	图纸及技术文件名称	加工设计	安装设计	调试	完工设计
14.3	(18)管道/立管对接图		○		○
	(19)整体立管下放图		○		○
	(20)管道起吊图		○		○
	(21)挖沟机安装流程图		○		○
	(22)水上清管流程图		○		○
	(23)水下清管流程图		○		○
	(24)试压流程图		○		○
	(25)屈曲探测器安装流程图		○		○
	(26)起始铺设封头图		○		○
	(27)弃管封头图		○		○
	(28)法兰保护器图		○		○
	(29)清管发射器图		○		○
	(30)试压盲板图		○		○
	(31)起吊卡子图		○		○
	(32)撑杆卡子图		○		○
	(33)立管与管道组对卡子图		○		○
15	调试(略)				